Composant fonctionnelle
de l'automobile :
Le moteur et le siège

Adrien Luzio

COMPOSANT FONCTIONNELLE

DE l'AUTOMOBILE

Le moteur et le siège

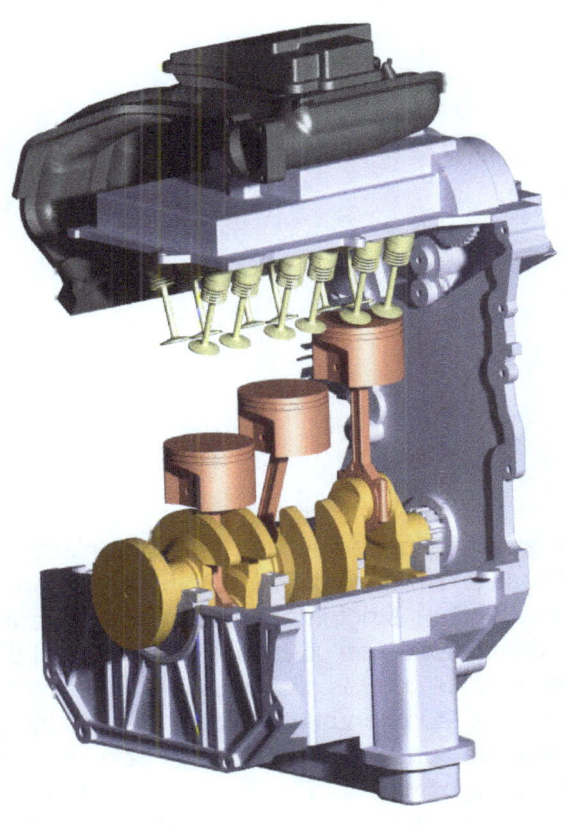

Copyright © 2024

Composant fonctionnelle
de l'automobile :
Le moteur et le siège

AVANT-PROPOS

J'entreprenais de modéliser en 3D l'intégralité de
ma propre voiture. je modélisai le tableau de bord,
le volant, le levier de vitesse. Une fois arrivé à la
conception du moteur et du siège, à l'aide d'intenses recherches d'images de plusieurs moteurs
et sièges différents, de schémas de principe sur le
fonctionnement de systèmes ainsi que des images
de composants désassemblées de ces deux éléments
que sont le moteur et le siège j'ai pus modéliser ces
deux composants qui sont essentiels au fonctionnement et au confort du véhicule.

C'est en dessinant en 3D chacune des pièces du moteur et du siège que
j'ai beaucoup appris sur leur fonctionnement. En représentant de manière
réaliste les pièces sur un logiciel de 3D, nous pouvons avoir une idée très
clair du fonctionnement du produit modélisé. Avoir une idée claire rend
les explications plus explicites, d'autant plus si elles sont accompagnées
d'images comme c'est le cas tout au long du déroulé du livre.

Une intention

Cet ouvrage a pour intention de montrer visuellement, à l'aide de plusieurs
images de 3D, le fonctionnement des deux composants principaux permettant de remplir les deux fonctions essentielles des véhicules à savoir :
- la mobilité, dont le moteur est essentiel
- le confort, assuré essentiellement par le siège
Les illustrations de 3D rendent la compréhension plus simple, car « une
image vaut mille mots ». Les 3D réalisées par l'auteur ont pour intention
de non seulement illustrer de manière réaliste les produits dont le livre
explique le fonctionnement, mais permet également de voir ce qui n'est pas
possible. Avec des 3D, nous pouvons voir des vues de coupes de l'ensemble
des composants pour voir l'agencement des pièces les unes aux autres, voir
les pièces à cachées qui nécessitent, dans la réalité, de devoir démonter les
assemblages du moteur et du siège, mais aussi de mettre des

Composant fonctionnelle
de l'automobile :
Le moteur et le siège

couleurs sur les éléments que nous souhaitons mettre en avant. L'intérêt de ce livre est lié à une intention de rendre accessible la compréhension de systèmes essentielles et peux connus du grand public de manière clair à l'aide de la 3D.

Quelle démarche

Cet ouvrage va aborde dans un premier chapitre, une synthèse de mes recherches sur le fonctionnement du moteur thermique, illustré par le travail de conception 3D réalisé qui en ait le résultat. Une partie de ce chapitre sera dédié au fonctionnement de la rotation du vilebrequin qui délivre l'effort nécessaire pour faire tourner les roues du véhicule. Une deuxième partie sera basée sur la compréhension du système de lubrification, nettoyage et refroidissement du moteur. La rotation du vilebrequin nécessite qu'il soit lubrifié par de l'huile pour réduire les frottements et donc l'usure des axes tournant. La rotation du vilebrequin nécessite aussi la combustion du carburant entraînant de forte températures dans le carter moteur ce qui nécessite un refroidissement. Le système de rotation du vilebrequin et celui du système de lubrification, nettoyage et refroidissement fonctionne en même temps pour assurer la bonne continuité de l'usage du moteur au sein du véhicule.

Un deuxième chapitre va aborder dans une première partie, les éléments de confort tel que le rembourrage des sièges. Une seconde partie sera dédiée aux éléments d'amortissement participant à accentuer le confort du rembourrage et d'atténuer la dureté du châssis sur lequel se positionne le rembourrage. Une troisième partie expliquera la composition du châssis ou structure supportant les efforts engendrés par le poids du conducteur

et intégrant les systèmes mécaniques permettant le réglage du siège ainsi que les éléments de rembourrage et amortissement. Le châssis est la partie du siège que l'on ne voit pas, dans cette ouvrage, les images de 3D permettrons de voir les pièces cachés à l'intérieur du moteur et du siège. Une dernière partie du chapitre expliquera le fonctionnement de systèmes de réglages tels que l'avancement du siège hauteur de l'appui tête et la position angulaire du dossier.

Composant fonctionnelle
de l'automobile :
Le moteur et le siège

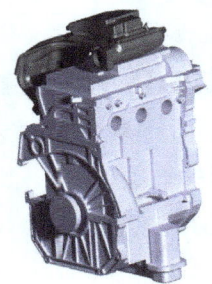

SOMMAIRE

CHAPITRE 1. LE FONCTIONNEMENT DU MOTEUR

Composant fonctionnelle
de l'automobile :
Le moteur et le siège

Composant fonctionnelle
de l'automobile :
Le moteur et le siège

CHAPITRE 2: LE FONCTIONNEMENT DU SIEGE

I. Introduction

1. Fonctionnement du moteur

Dans cette partie 1 du chapitre I nous allons analyser le fonctionnement et la composition d'un moteur thermique 3 cylindres à partir d'une 3D réalisée l'auteur. De longues et intenses recherches ont étés déployées par l'auteur pour comprendre le fonctionnement de tous les détails du moteur et pour pouvoir le dessiner en 3D de manière réaliste.

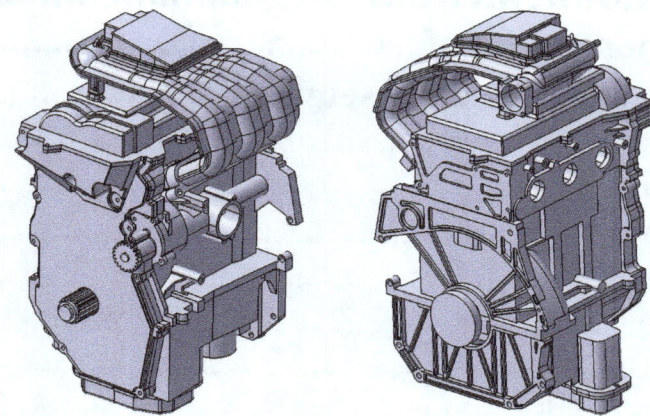

3D utilisé pour l'étude du moteur thermique 3 cylindres

Cette partie 1 est composée de :

• Une partie sur le fonctionnement du système de rotation du **vilebrequin*** par lequel sort le **couple*** de sortie du moteur, avec :

▪ Les parties du **carter***:
- Le couvercle
- La culasse
- Le bloc moteur
- Le carter d'huile
- Carter de distribution

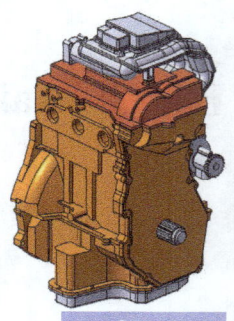

Le carter (en orange) et couvercle (en rouge)

**Voir la définition dans le glossaire.*

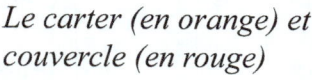
8

▪ Le passage du carburant mélangé à l'air du **collecteur d'admission***
jusqu'aux chambres à combustion, grâce au fonctionnement des :
- **Arbres à cames***
- **Soupapes***

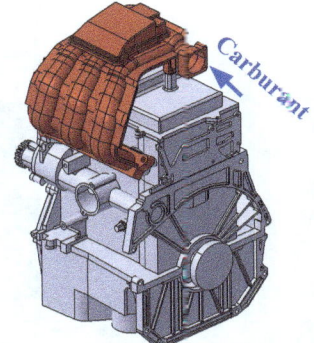 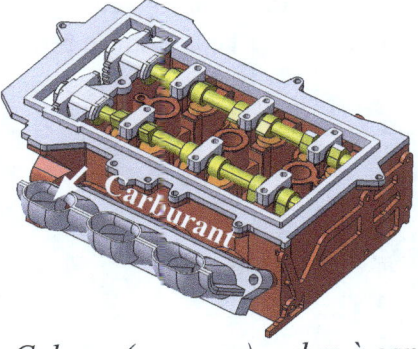

Collecteur d'admission (en rouge)   *Culasse (en rouge), arbre à cames*
                                        (en jaune), et soupape (en orange)

▪ La combustion du carburant dans les chambres à combustion du **bloc
moteur*(voir carter dans le glossaire)** entrainant un mouvement de
translations des pistons faisant tourner le **vilebrequin***.

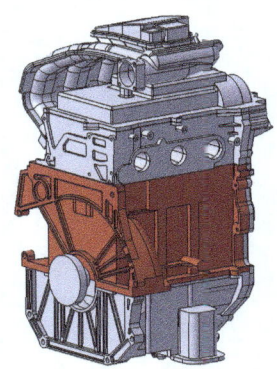 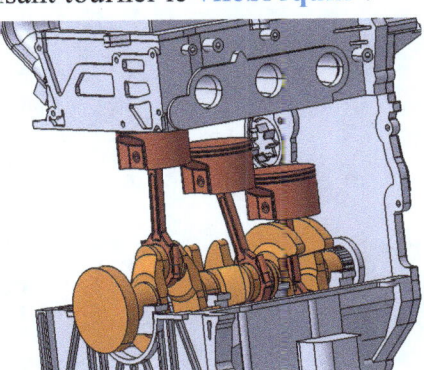

Bloc moteur (en rouge)   *Pistons (en rouge) et villebrequin (en orange)*

*Voir la définition dans le glossaire.

• Une partie sur le fonctionnement du système de refroidissement, lubrification et nettoyage du moteur, avec :

▪ Le circulation de l'huile :

- Le refroidissement
- La lubrification et nettoyage

▪ Le circulation de l'eau pour le refroidissement

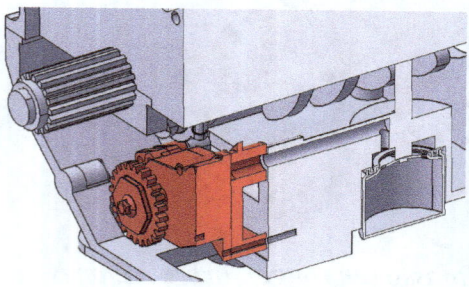 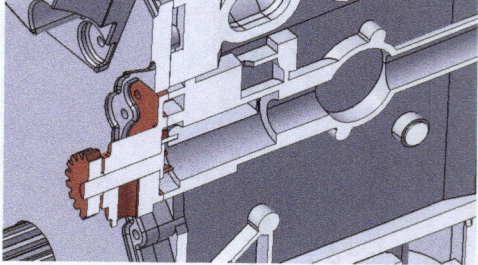

Pompe à huile (en rouge) permettant la circulation de l'huile

Pompe à eau (en rouge) permettant la circulation de l'eau

2. Fonctions internes des pièces

Dans cette partie 2 du chapitre I, nous allons comprendre les fonctions des pièces en interfaces ainsi que les fonctions des portions du carter. Cette partie 2 est composée des :

● **Fonctions internes du carter d'huile et de ses pièces d'interfaces**

Carter d'huile découpés en portions fonctionnelles avec ses pièces d'interfaces

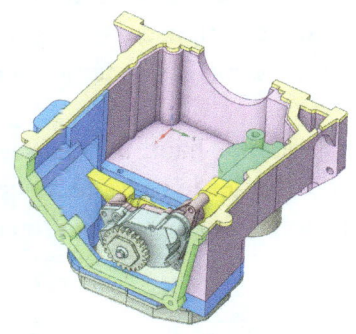

● **Fonctions internes du bloc moteur et de ses pièces d'interfaces**

Bloc moteur découpés en portions fonctionnelles avec ses pièces d'interfaces

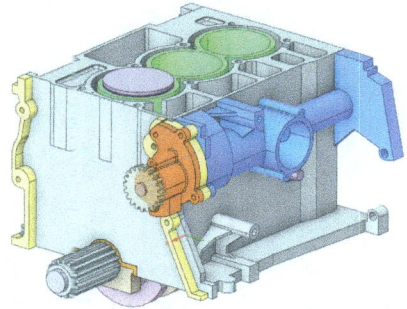

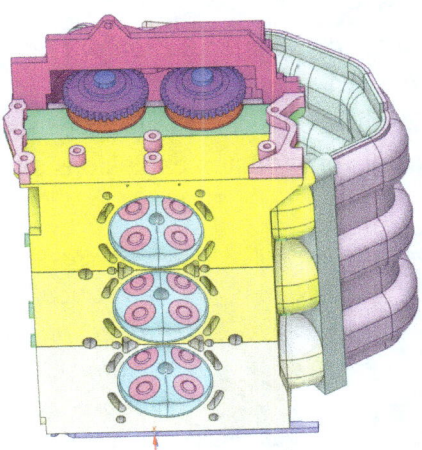

● **Fonctions internes de la culasse et de ses pièces d'interfaces**

Culasse découpées en portions fonctionnelles avec ses pièces d'interfaces

III. Fonctionnement du moteur

1. Système de rotation du vilebrequin

1.1. Le carter du moteur

Le carter moteur, intégrant les pièces pour mettre en rotation le vilebrequin, se décomposent en 3 parties principales, assurant le fonctionnement et la protection du système du moteur.

L'étage le plus haut, la culasse, ayant le rôle d'intégrer les pièces permettant de réguler le passage du carburant dans le moteur, et habriter les explosions dû à la combustion du carburant.

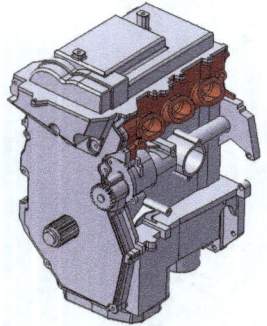 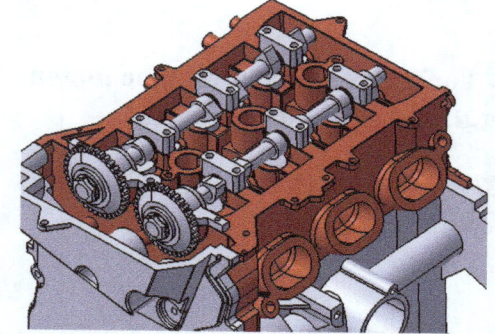

Position de la culasse (en rouge) dans le moteur

Culasse intégrant les pièces régulant le passage du carburant

L'étage du milieu, le bloc moteur, ayant le rôle d'agencer les pièces permettant la conversion de la translation des pistons (dû aux explosions dans la culasse), en rotation du vilebrequin.

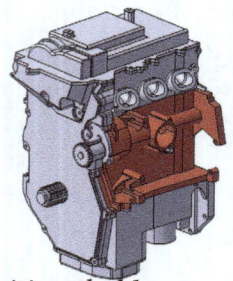 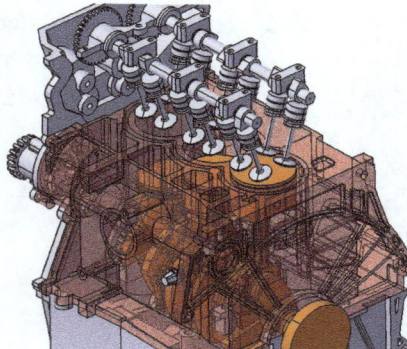

Culasse (en rouge), intégrant les pistons et le vilebrequin (en orange)

Position du bloc moteur (en rouge) dans le moteur

L'étage le plus bas, le carter d'huile, ayant le rôle de contenir l'huile moteur et le système permettant la faire circuler dans le moteur.

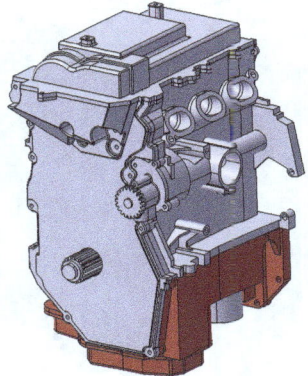
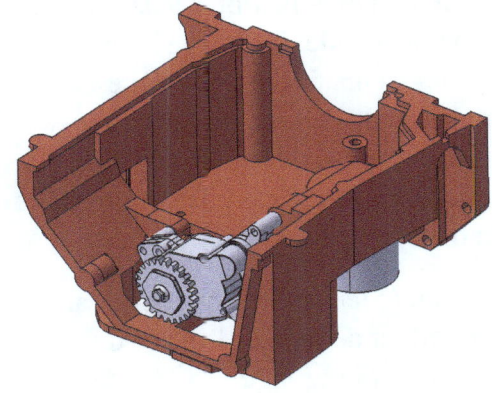

Position du carter d'huile (en rouge) dans le moteur

Carter d'huile intégrant les pièces faisant circuler l'huile dans le moteur

Le carter moteur, est également composé de parties assurant exclusivement la protection de la transmission arbres à cames et vilebrequin ainsi que des arbres à cames que les 3 étages (culasse, bloc moteur et carter d'huile) ne protège pas, comme :

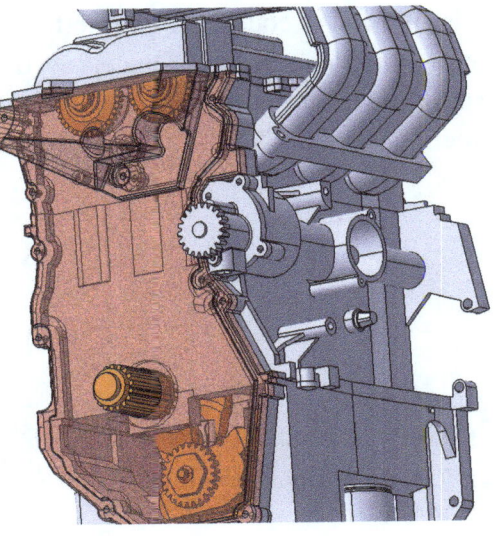

▪ Le carter de distribution, pour protéger latéralement la transmission faite du vilebrequin aux arbres à cames ainsi que la pompe à huile.

Carter de distribution (en rouge) et les éléments de transmission du vilebrequin, arbres à cames et pompe à huile (en orange), la chaîne de transmission n'étant pas réprésentée

13

▪ Le couvercle, pour protéger par le dessus, les composants permettant de réguler l'entrée du carburant dans la culasse ainsi que la transmission faite du vilebrequin aux arbres à cames et à la pompe à huile. Il protège les arbres à cames, soupapes pour ce qui est de la régulation de l'entrée du carburant et les roues dentées, chaines pour ce qui est de la transmission vilebrequin-arbre à cames-pompe) à huile.

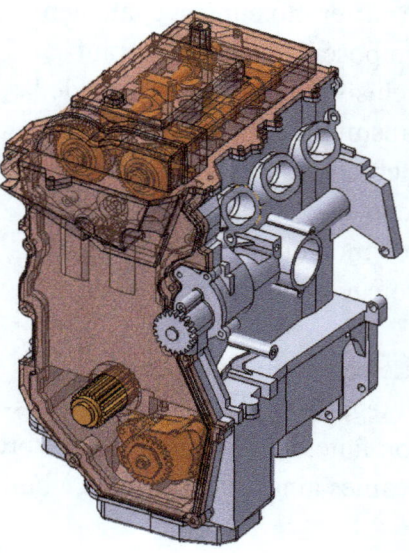

Couvercle (en rouge) les composants permettant de réguler l'entrée du carburant *(en orange)*

Finalement, ces deux parties (carter de distribution et couvercle) permettent la protection latérale et par le dessus, des axes tournant assurant le fonctionne-ment du moteur.

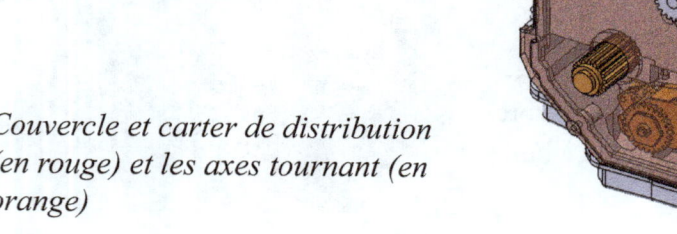

Couvercle et carter de distribution (en rouge) et les axes tournant (en orange)

1.2. L'entrée du carburant

Le passage dans le collecteur d'admission

Le carburant mélangé à de l'air passe dans le collecteur d'admission, pour cheminer vers la culasse. Le carburant mélangé à de l'air passe à travers 3 voies du collecteur d'admission, il y a autant de voies que de pistons dans le moteur car chacune des voies mènent vers une chambre de combustion où se situe un cylindre afin que le carburant soit explosé au dessus du cylindre

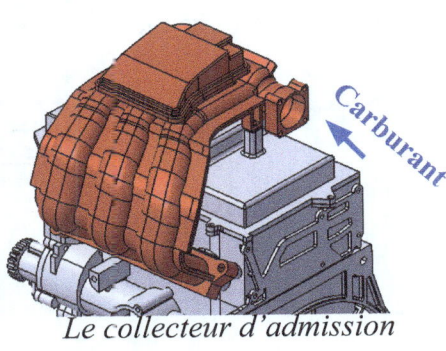

Le collecteur d'admission (en rouge)

des pistons pour les faire translater dans le bloc moteur.

Le collecteur d'admission est composé d'une partie supérieure et une partie inférieur pour permettre la fabrication des évidements créant les voies pour faire cheminer le carburant. Il est plus faisable de fabriquer, par impression 3D ou autre, le collecteur d'admission en deux parties plutôt qu'une.

Circulation du carburant (flèches en blanc) dans les 3 voies

Collecteur d'admission avec la partie supérieure (en rouge) et la partie inférieure (en orange)

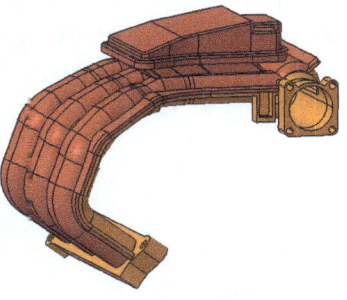

Le passage alterné dans la culasse

Le carburant mélangé à de l'air passe du collecteur d'admission à la culasse et se trouve bloqué dans la culasse par les soupapes.

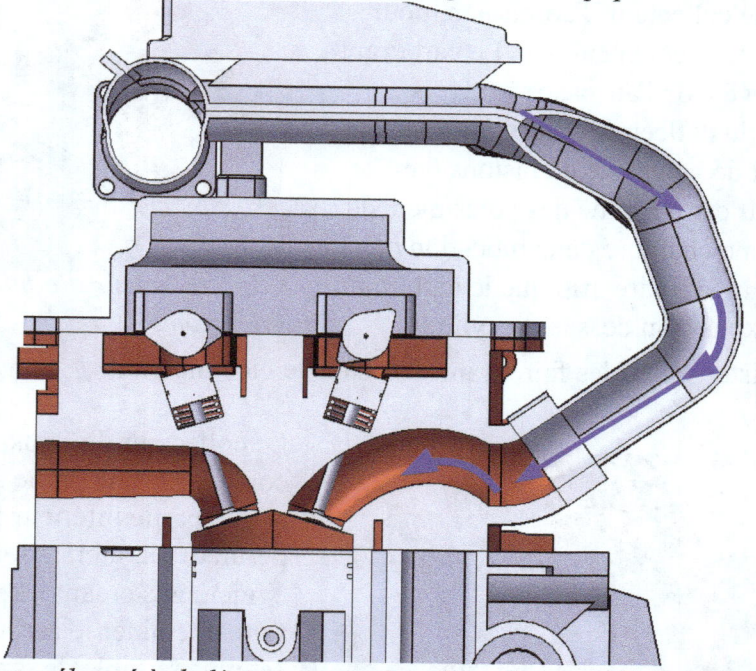

Carburant mélangé à de l'air entrant dans le collecteur d'admission (en rouge) et la circulation du carburant mélangé à de l'air (flèche violette) et restant bloqué dans la culasse

Il entre de manière alternée dans les chambres de combustion où se situent les cylindres des pistons.

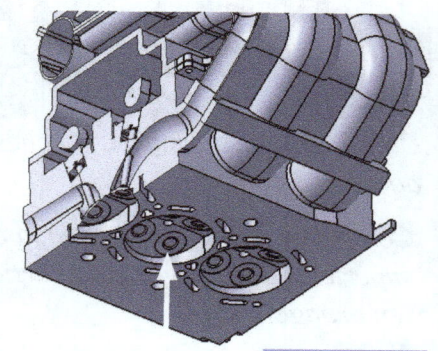

Vue de coupe avec le passage dans la culasse et les logements des cylindres

Logement cylindre

L'arbre à came, entraîné en rotation par le vilebrequin par l'intermédiaire d'une chaîne, permet de pousser et d'ouvrir les **soupapes d'admission*** bloquant le carburant afin de le laisser passer.

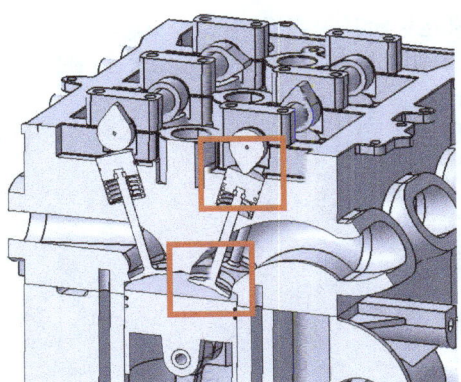

Zoom sur le contact de l'arbre à cames

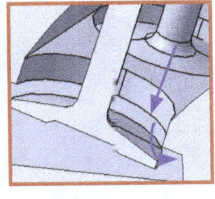

Zoom sur l'ouverture de la soupape

Vue d'ensemble de l'ouverture des soupape par l'arbre à cames

Ce vilebrequin est d'abord entraîné en rotation par le démarreur, une sorte de moteur engrenant le volant moteur pour démarrer la rotation du vilebrequin. Une fois que le démarreur a lancé la rotation du vilebrequin, il n'engraine plus le volant moteur, les dentures du vilebrequin ne sont plus en contact avec les dentures du démarreur et laisse le processus de combustion du carburant faire fonctionner le moteur.

Démarreur (schématisé en bleu) engrain-ant le volant moteur (dont les dents ne sont pas représentées) fixé au vilebrequin qui tourne et entraine en rotation les arbres à cames.

Le démarreur n'engraine plus le volant moteur.

*Voir la définition dans le glossaire.

1.3. Rotation du vilebrequin

Le blocage au-dessus des cylindres

Les arbres à cames toujours entraînés en rotation par le vilebrequin se mettent, dans un deuxième temps à fermer les **soupapes d'admission***. Une fois les soupapes fermées, les bougies situées dans des logements au centre des chambres à combustions des cylindres du piston, se déclenchent et font exploser le carburant.

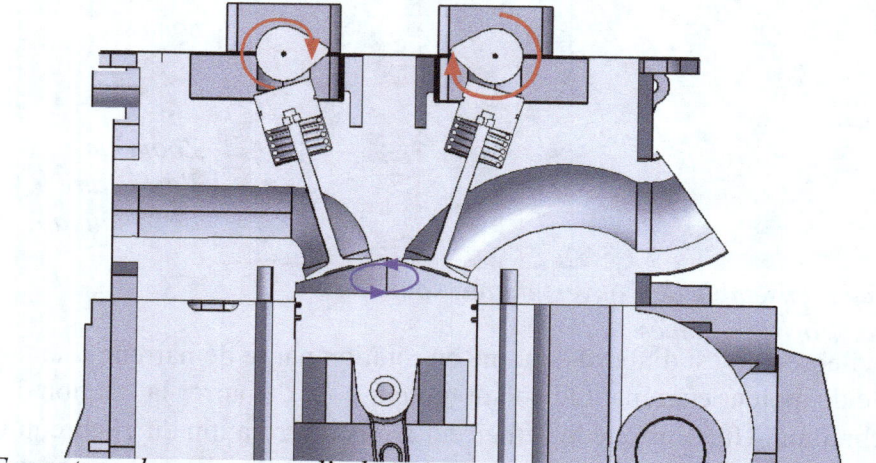

Fermeture des soupapes d'admissions pour emprisonner le carburant dans la chambre à commbustion

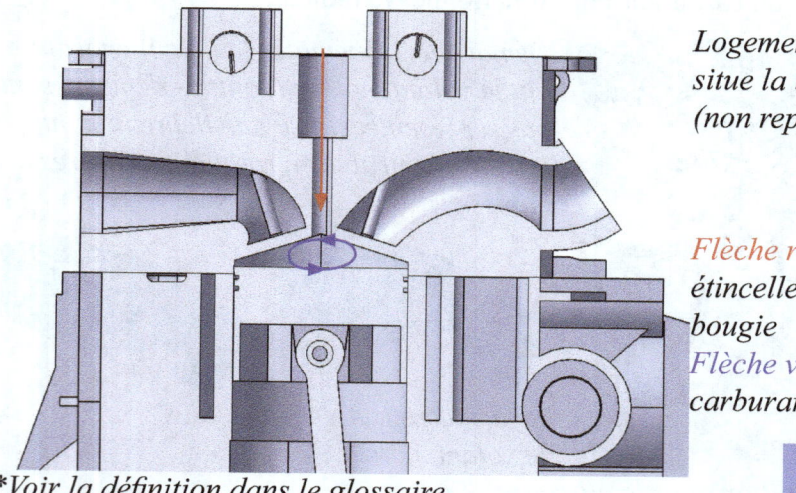

Logement où se situe la bougie (non représentée)

Flèche rouge : étincelle de la bougie
Flèche violette : carburant + air

*Voir la définition dans le glossaire.

18

Explosion du carburant et translation des pistons

Une fois que la flamme de la bougie est en contact avec le carburant mélangé à de l'air, une micro explosion pousse le cylindre du piston vers le bas faisant ainsi tourner le vilebrequin.

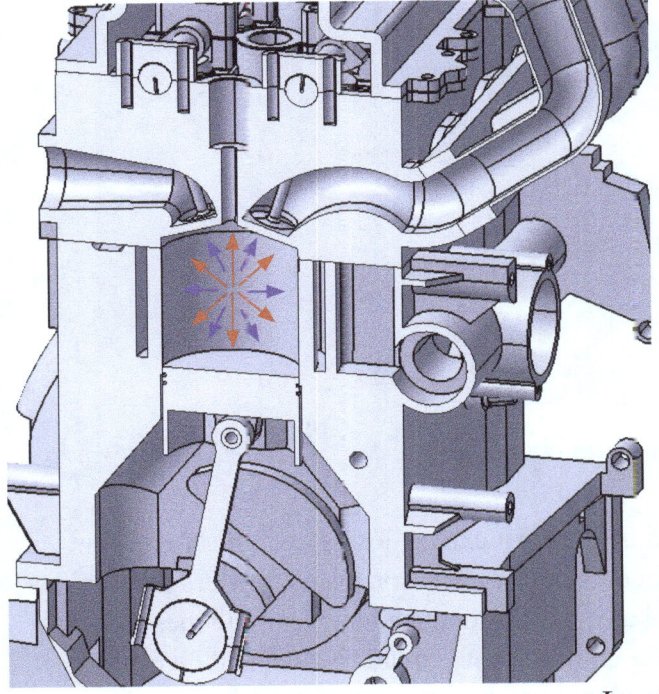

Explosion faisant tourner le vilebrequin

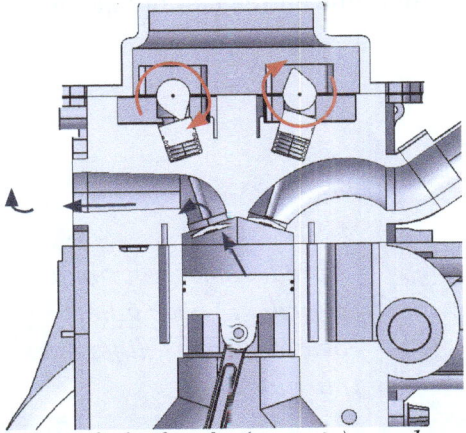

Le vilebrequin continue de faire tourner les arbres à cames, permettant à un arbre à cames de pousser les soupapes d'échappement après l'explosion, pour libérer la fumée engendrée par l'explosion. Cette fumée est en même temps poussée vers la sortie par le retour du piston.

Sortie de la fumée (en noir) par la compression du piston

Translation des pistons à 3 temps

Cette action est ce qui se produit sur le plan de coupe du premier canal numéroté comme ci-dessous.

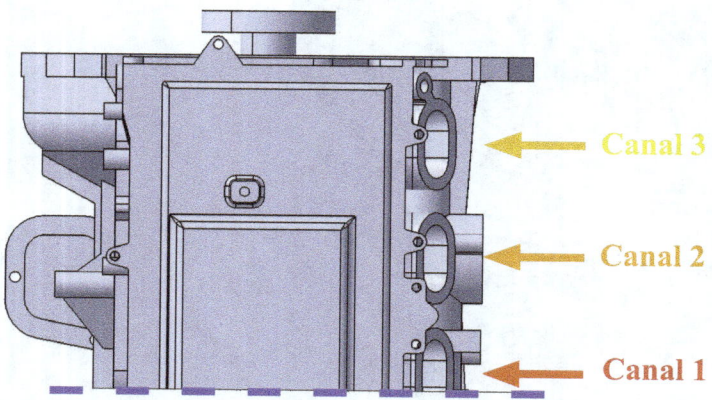

Canal 3

Canal 2

Canal 1

Vue du dessus de la coupe du canal 1

Plan de coupe :

Du fait de la conception de l'arbre à cames, les galets qui s'y trouvent sont orientés dans différentes positions de sorte à ce que lorsque l'un des galet est orienté vers le bas et soit en contact avec les soupapes d'échappement d'une **chambre à combustion***, un autre galet soit en contact avec les soupape d'admission de carburant d'une autre chambre à combustion.

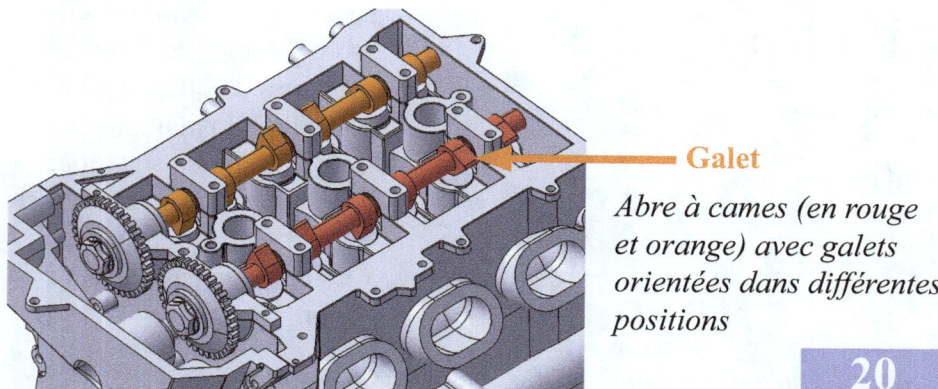

Galet

Abre à cames (en rouge et orange) avec galets orientées dans différentes positions

20

Si nous regardons ce qui se produit sur le plan de coupe du canal 2, une action simultanée se produit du fait des galets des différentes orientations, des arbre à cames.

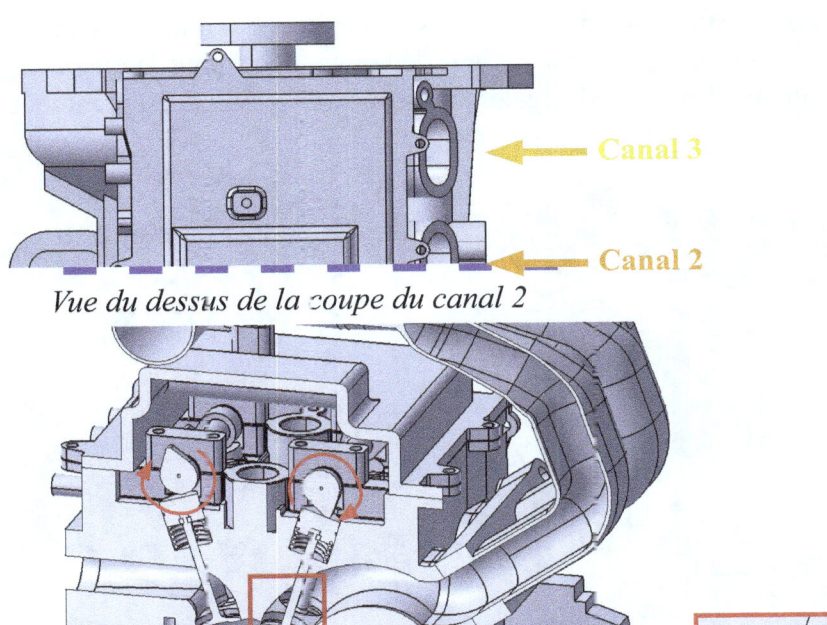

Canal 3

Canal 2

Vue du dessus de la coupe du canal 2

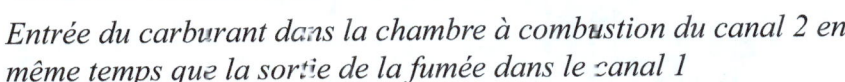

Entrée du carburant dans la chambre à combustion du canal 2 en même temps que la sortie de la fumée dans le canal 1

Ainsi les explosions qui ont eu lieu à des intervalles de temps différents dans les différentes chambres à combustion où se trouvent les cylindres des pistons, font translater, à des intervalles de temps différents, les 3 pistons situés dans le bloc moteur faisant ainsi tourner le vilebrequin.

La mise en rotation du vilebrequin se fait donc par la descente d'un piston provoquée par l'explosion au-dessus de celui-ci (au niveau du cylindre) et la montée des deux autres pistons. Il y a 3 explosions, qui se répètent indéfiniment, au-dessus des 3 cylindres qui ont lieu durant 3 périodes espacées par le même laps de temps. C'est pour la raison précédente que l'on appelle également le moteur 3 cylindres, le moteur à 3 temps.

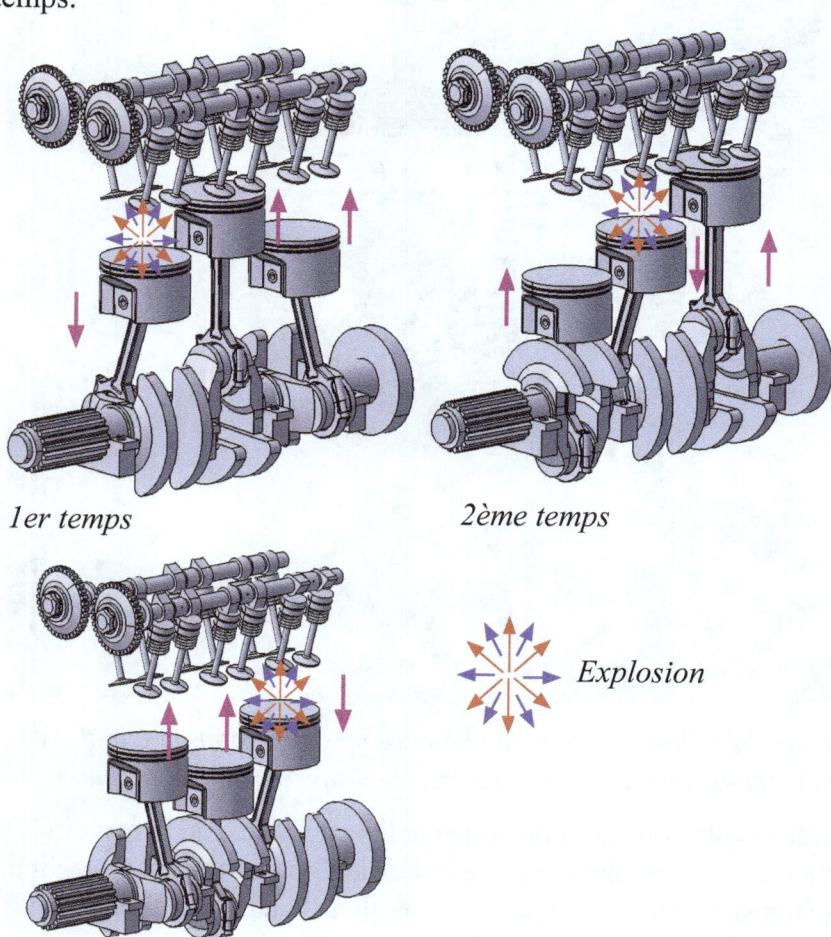

1er temps

2ème temps

Explosion

3ème temps

2. Système de refroidissement, lubrification et nettoyage par l'huile

2.1. La circulation de l'huile

Le vilebrequin entraîne en rotation, en parallèle des arbres à cames, la pompe à huile permettant de faire circuler l'huile dans le moteur.

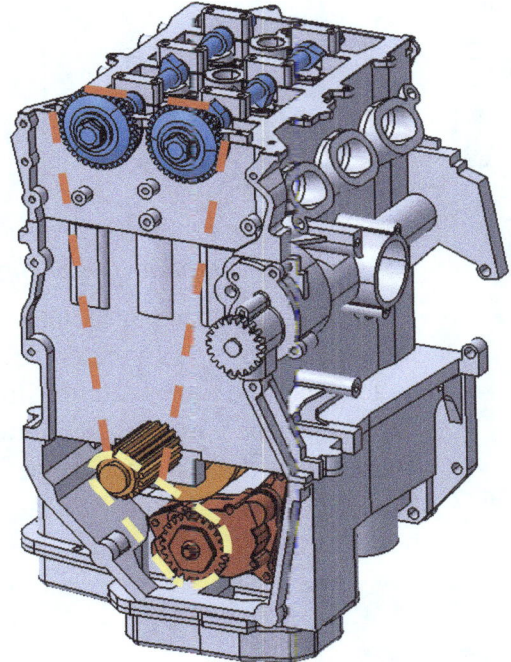

Chaîne villbrequin-arbre à came : ▬ ▬ ▬ ▬

Chaîne villbrequin-pompe à huile : ▬ ▬ ▬ ▬ ▬

Mise en rotation de la pompe à huile (en rouge) par le vilebrequin (en orange) en parallèle des arbres à cames (en bleu)

Le stockage, la circulation, le filtrage ainsi que la récupération de l'huile est permise grâce à la pompe à huile et le filtre situé dans le carter d'huile.

La pompe à huile aspire l'huile contenu dans le couvercle du carter d'huile moteur.

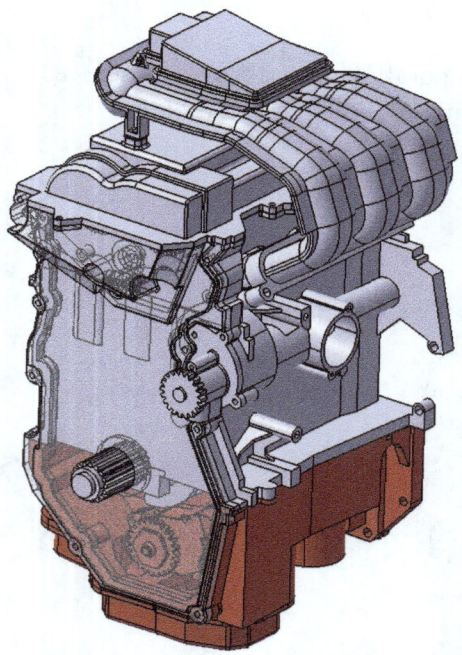

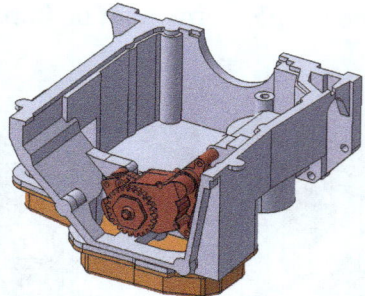

Pompe à huile (en rouge) couvercle du carter d'huile moteur (en orange)

La chaîne entrainée par le vilebrequin, entraine la roue dentée solidaire d'une roue à ailette située dans la pompe à huile. Les ailettes coulissantes dans la roue presse l'huile pour la faire sortir de la pompe avec de la pression.

Les composants situés dans le carter d'huile

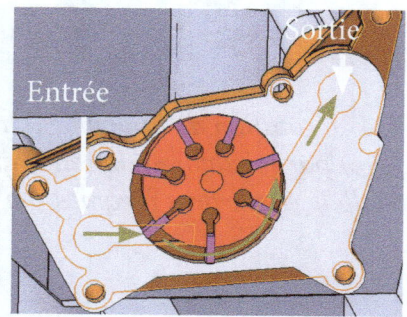

Aspiration de l'huile à l'entrée et éjection en sortie (flèche jaune foncé) par les ailettes (en violet) entrainées par la roue solidaire de la roue dentée (en rouge)

2.2. Filtration de l'huile

L'huile pressée sort de la pompe à huile pour circuler vers le système de filtration de l'huile permettant d'enlever les éventuelles résidus de matière occasionnés par le nettoyage, par l'huile, de certaine partie du moteur.

Une fois dans le système de filtration de huile, l'huile circule jusqu'à ce qu'il passe au travers des filtres.

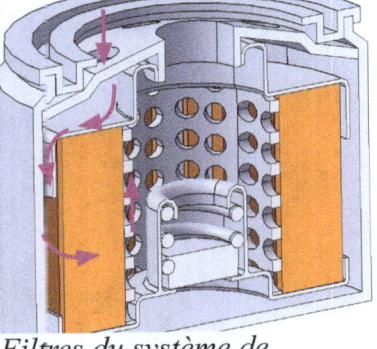

Pompe à huile (en rouge) filtre à huile (en orange) huile (flèche en violet)

Filtres du système de filtration (en orange)

Une partie du flux d'huile est filtrée par le filtre, l'autre partie qui n'est pas filtrée pousse le clapet pour limiter encore les résidus. L'huile est alors dirigée vers l'extérieur du système de filtration.

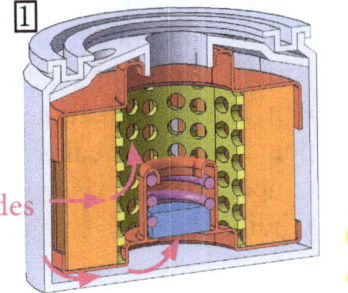

Filtration des résidus

Sortie de l'huile une fois filtrée

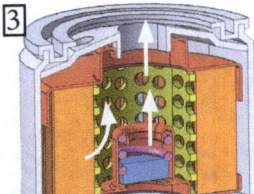

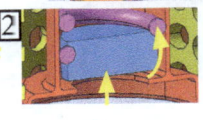

Ouverture du clapet

Support de filtre (en rouge) ressort (en violet) cage trouée (en jaune)

2.3. Refroidissement

À partir du moment où l'huile passe dans les canaux du carter moteur, elle participe au refroidissement du moteur. Elle commence par circuler dans un passage du carter d'huile pour circuler dans le bloc moteur.

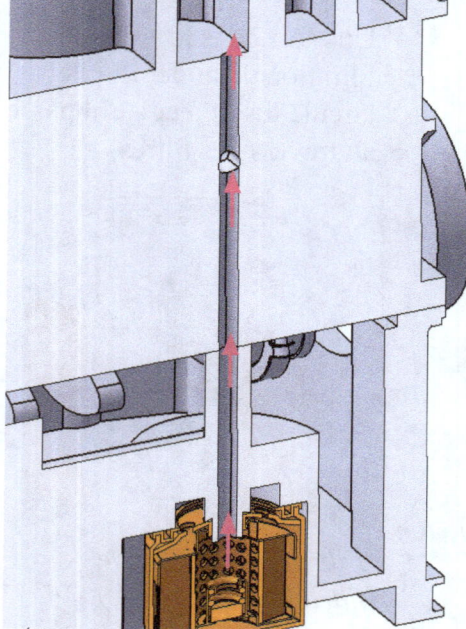

Dans le bloc moteur, l'huile remplie une cavité. Une fois la cavité remplie, l'huile sort du bloc moteur pour passer dans la culasse.

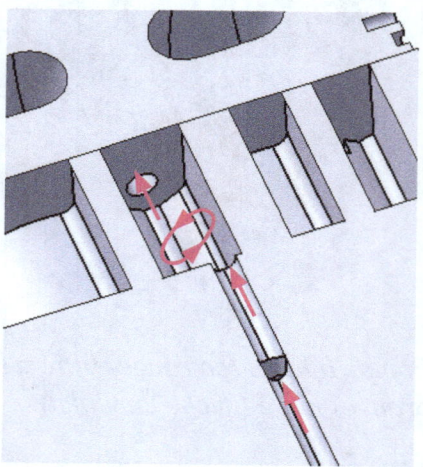

Circulation et refroidissement de l'huile dans le bloc moteur

Remplissage d'huile d'une cavité avant le passage dans la culasse

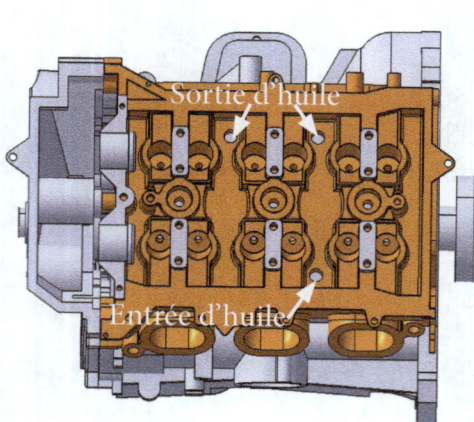

Sortie d'huile

Entrée d'huile

L'huile remplie l'intérieur de la culasse, entrant par le trou de sortie de la cavité du bloc moteur. L'intérieur baigne d'huile pour refroidir la culasse, mise en température par les explosions. L'huile sort de la culasse par deux trous.

Intérieur de la culasse (en orange) baignant dans l'huile

L'huile une fois sortie de la culasse par les deux trous, va remplir une autre cavité du bloc moteur et descendra en direction du carter d'huile par deux passages.

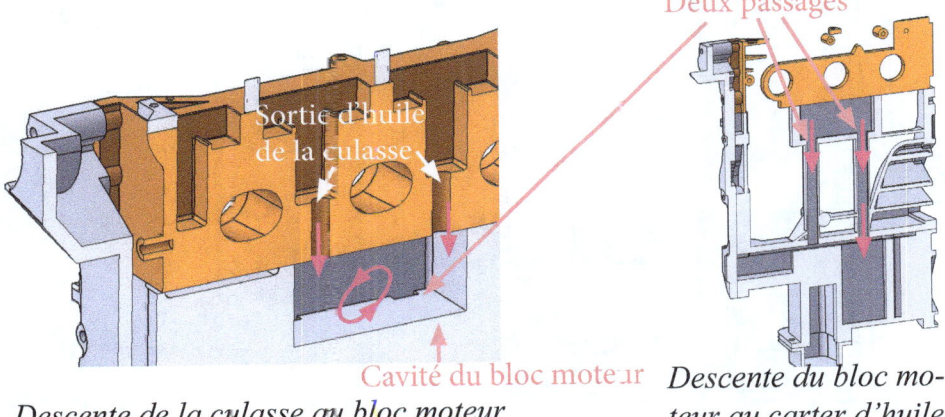

Descente de la culasse au bloc moteur

Descente du bloc moteur au carter d'huile

L'huile descend en direction du carter d'huile, en passant par le bloc moteur pour être de nouveau réutilisée. Elle sera de nouveau pompée par la pompe à huile et filtrée par le système de filtration, pour passer dans le bloc moteur et la culasse pour redescendre vers le carter d'huile, indefiniement, en parallèle du système de mise en rotation du vilebrequin.

Culasse (en orange), bloc moteur (en rouge) et carter d'huile (en bleu)

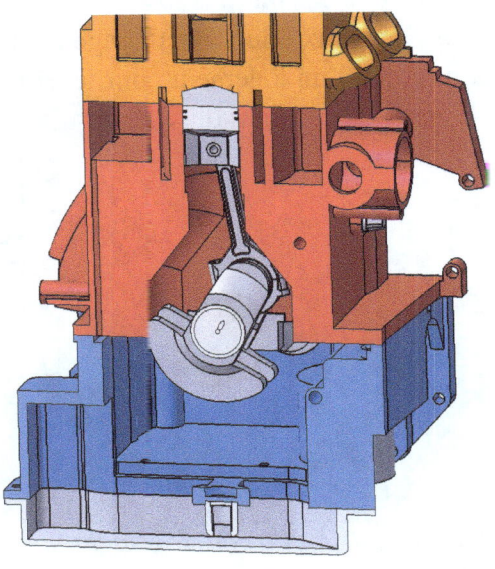

2.4. Lubrification et nettoyage du vilebrequin

L'huile, en parallèle du refroidissement du moteur, permet la lubrification ainsi que le nettoyage des axes tournants tel que le vilebrequin et les arbres à cames.

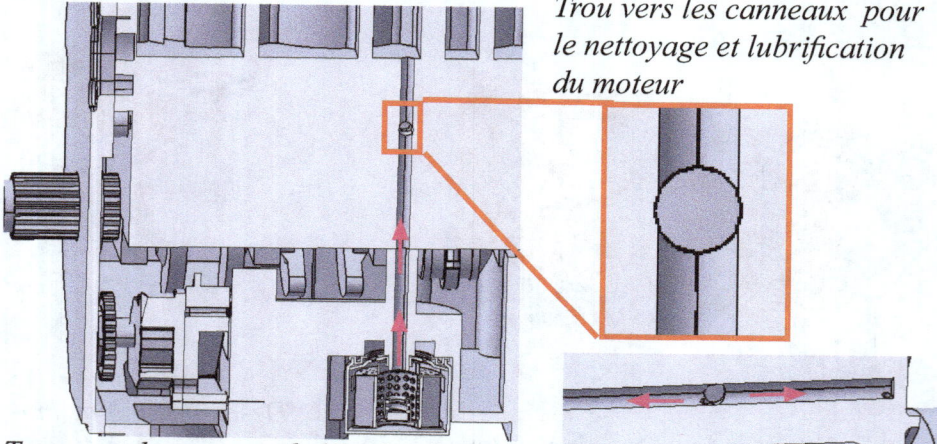

Trou vers les canneaux pour le nettoyage et lubrification du moteur

Trou pour le passage de l'huile afin de nettoyer et lubrifier les axes

Coupe au bout du trou ci-dessus

Les canneaux pour le nettoyage et lubrification du moteur amènent l'huile vers un logement pour lubrifier et nettoyer au niveau des **pivots***
(liaison de rotation) du vilebrequin.

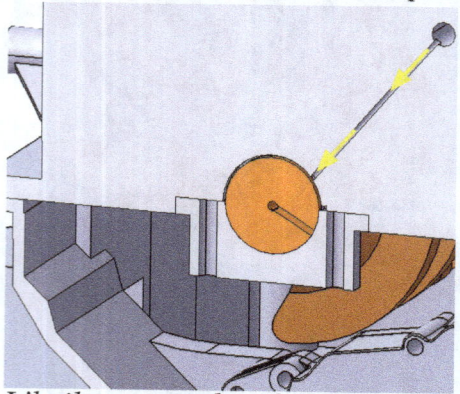

Une fois que le trou de passage de l'huile dans le vilebrequin débouche vers le logement où est l'huile, l'huile peut circuler à l'intérieur du vilebrequin.

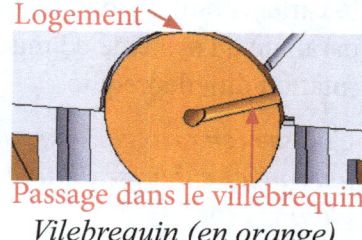

Logement

Passage dans le villebrequin

L'huile entrant dans le logement du pivot du vilebrequin

Vilebrequin (en orange)

*Voir la définition dans le glossaire.

La circulation de l'huile dans le vilebrequin permet de le refroidir à l'intérieur ainsi que de lubrifier, nettoyer le vilebrequin au niveau de ses **pivots*** (liaisons de rotation avec d'autres pièces) avec les brides ainsi que de ses pivots avec les bielles des pistons par lesquelles l'huile sort.

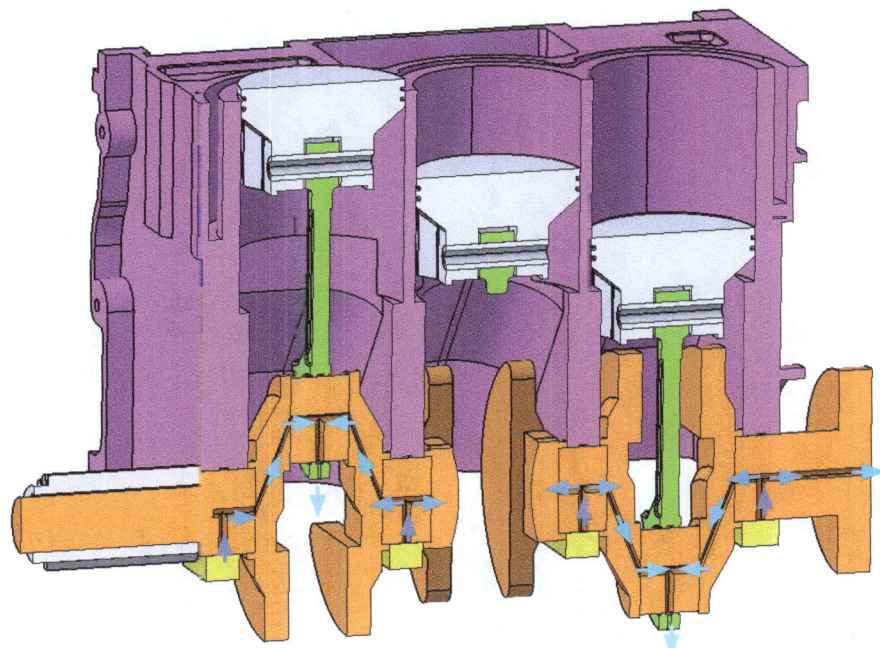

Entrée de l'huile (flèches bleu foncées) dans le vilebrequin (en orange) pour circuler en refroidissant le vilebrequin (flèche bleu clair) jusqu'à sortir du par un trou dans la bielle (en vert). Lubrification et nettoyage dans les pivots vilebrequin-bride (en jaune) et entre les pivots vilebrequin-bloc moteur (en violet)

29

*Voir la définition dans le glossaire.

2.5. Lubrification et nettoyage des arbres à cames

En même temps que l'huile lubrifie et nettoie les pivots du vilebrequin, elle fait de même avec les deux arbres à cames. L'huile traverse le bloc moteur pour arriver aux logements d'huile situés au niveau des pivots entre les arbres à cames et les fixations des arbres à cames sur la culasse.

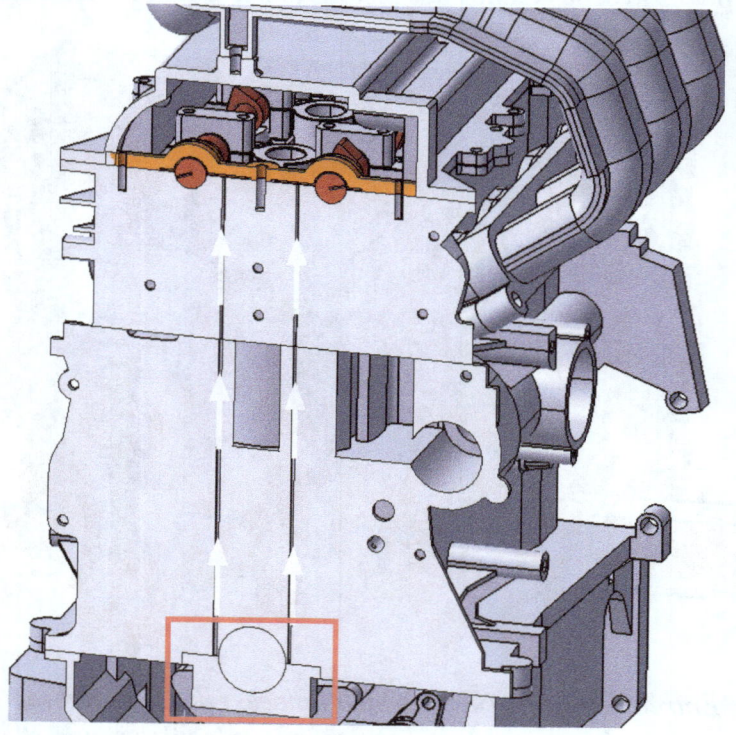

Circulation de l'huile (flèches blanche) vers les logements des fixations (en orange) des arbres à cames (en rouge) sur la culasse

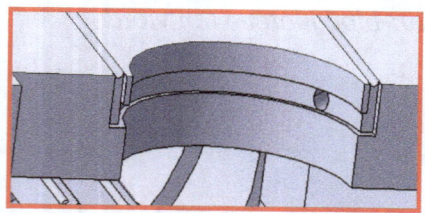

L'huile commence sa circulation dans le bloc moteur par des canaux reliés à un logement d'huile du vilebrequin menant à deux trous.

Canaux reliant le logement d'huile aux deux trous

Une fois que l'huile est dans les logements des fixations des arbres à cames situées sur la culasse, l'huile passe à l'intérieur des arbres à cames par des canaux.

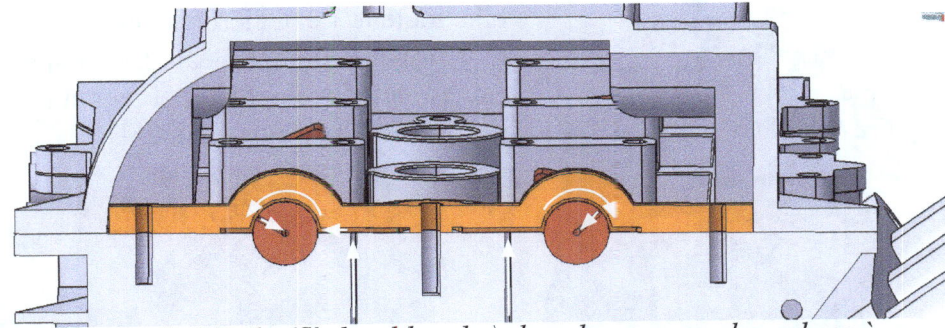

Circulation de l'huile (flèches blanche) dans les canaux des arbres à cames (en rouge)

L'huile circulant dans les arbres à cames est dirigée vers la sortie des arbres à cames pour arriver à l'intérieur de la culasse.

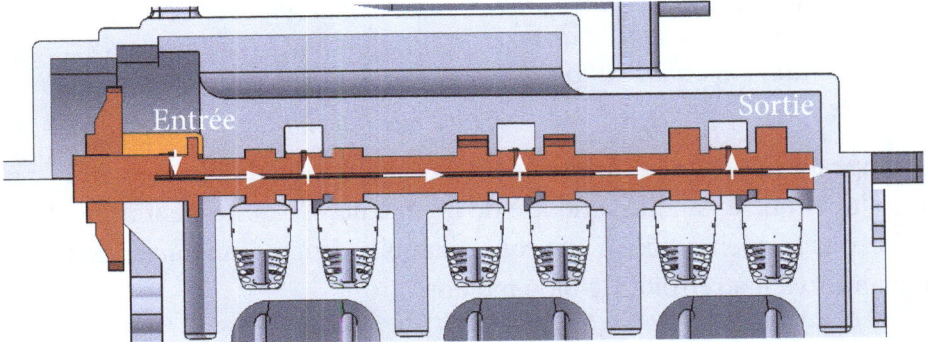

Entrée

Sortie

Circulation de l'huile (flèches blanche) vers la sortie qui se trouve au bout des arbres à cames (en rouge).

Une fois l'huile sortant des arbres à cames pour arriver à l'intérieur de la culasse, elle retourne vers le carter d'huile de la même manière que l'huile servant au refroidissement du moteur, expliqué à la page 21.

3. Système de refroidissement par l'eau

L'entrée de l'eau dans le moteur passe par un **alésage*** situé dans le bloc moteur.

Une fois situé dans une canalisation du bloc moteur, l'eau cicrule dans le bloc moteur par la pompe à eau. La pompe à eau est entrainée par le vilebrequin par l'intermédiaire d'une chaine.

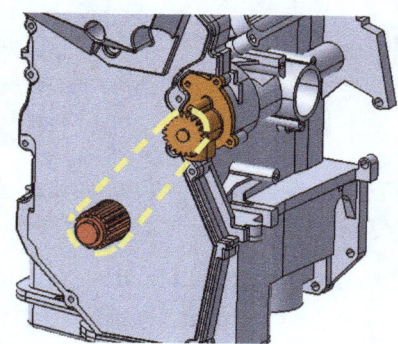

Alesage (encadré en rouge) par où entre l'eau dans la canalisation du bloc moteur

Pompe à eau (en orange) entrainée en rotation par le vilebrequin (en rouge) par l'intermédiaire de chaines (en jaune)

La pompe à eau dirige l'eau, situé dans la canalisation du bloc moteur, grâce à une roue à lamelle solidaire de la roue dentée qui est entrainée en rotation par le vilebrequin. Cette roue à lamelle dirige l'eau dans des évidements servant à refroidir le bloc moteur.

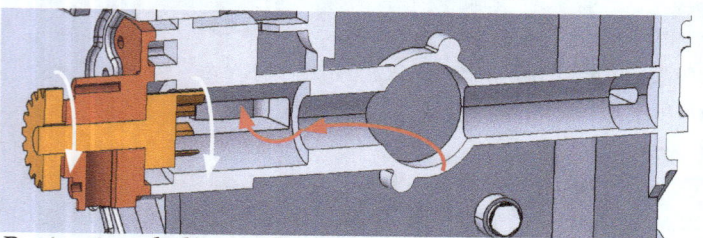

Projection de l'eau (flèches rouge) par la roue à lamelle (en orange) dans les évidemments du bloc moteur

*Voir la définition dans le glossaire.

L'eau remplie les évidemments situés dans le bloc moteur pour refroidir le bloc moteur soumis à de fortes températures, surtout au niveau de l'endroit où se trouve les évidemments. Ces évidemments se situent autour des chambres à combustions soumisent aux températures provoquées par les explosions dans la culasse.

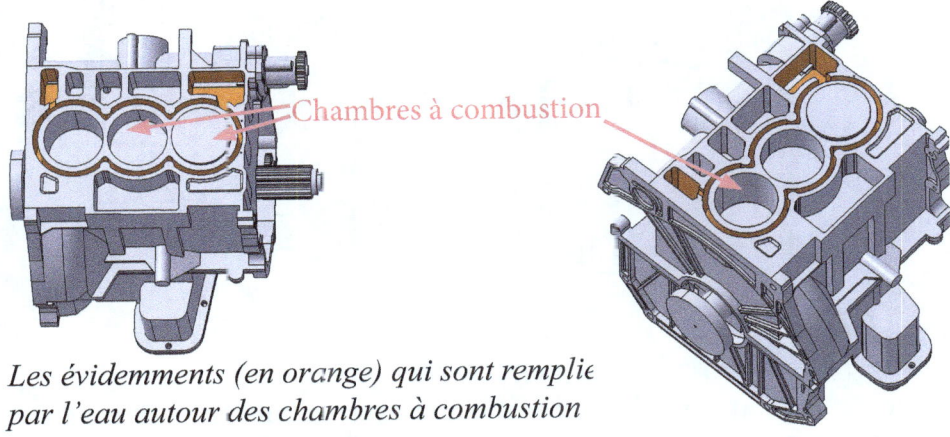

Chambres à combustion

Les évidemments (en orange) qui sont remplie par l'eau autour des chambres à combustion

D'autres évidemments sont situées sur la culasses et se trouvent en face de ceux du bloc moteur afin que l'eau puisse s'y loger pour également refroidir la culasse.

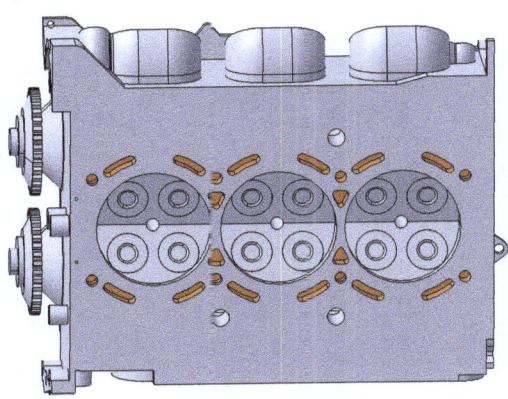

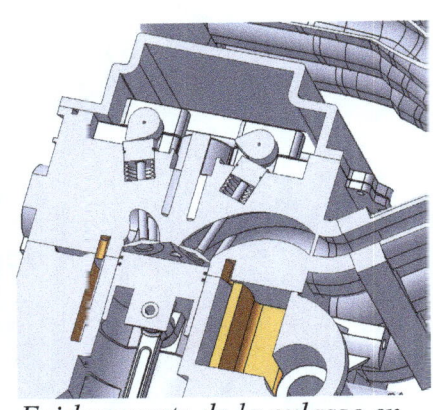

Evidemments de la culasse par où se loge l'eau pour refroidir la culasse

Evidemments de la culasse en face de ceux du bloc moteur

L'eau retourne ensuite dans la canalisation, par l'intermédiaire d'un passage pour être de nouveau redistribué dans les évidemments du bloc moteur et de la culasse.

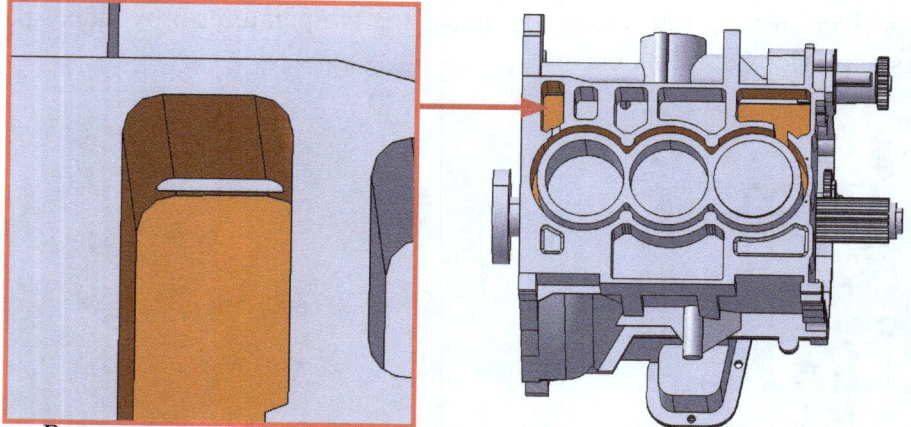

Passage vers une canalisation pour redistribuer l'eau dans les évidemments de bloc moteur et culasse

Cette partie avait pour objectif de montrer le fonctionnement global du moteur thermique.

IV. Fonctions internes des pièces

Cette partie a pour but de préciser d'avantage les fonctions au sein du moteur, la première partie expliqua le fonctionnement global du moteur. Cette partie explique les fonctions internes propre à chaque pièces du moteur. Chacune des parties fonctionnelles de toutes les pièces du moteur sont découpées pour expliquer leur fonctions. Cette partie explique de maniére plus détaillé les parties de chaques pièces composant le moteur.

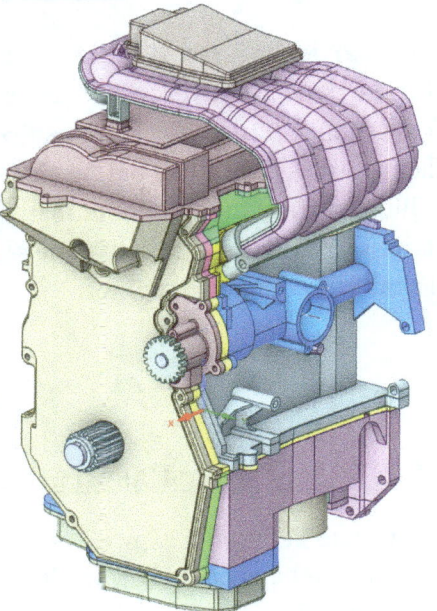

3D du moteur dont les pièces sont
découpées en paties fonctionelles

1. Fonctions internes du carter d'huile et de ses pièces d'interfaces

Le carter d'huile sert de manière générale à contenir l'huile, la faire circuler dans le moteur et de la filter. En réalité ces fonctions sont réalisées par plusieurs parties du carters ainsi que des pièces en interface avec celui-ci, ce qui lui confère aussi la fonction d'être en connecté à certaines pièces.

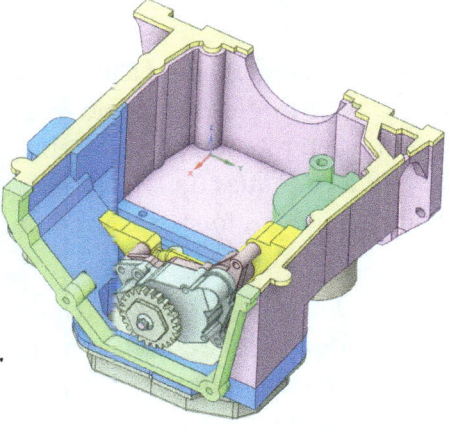

3D des parties fonctionnelles du carter
d'huile et ses pièces d'interfaces

35

1.1 Pièces contenant l'huile

Une partie du carter d'huile laisse passer
l'huile dans le couvercle du carter d'huile
contenant l'huile qui va être aspirée par
la **crépine***. Une autre partie réceptionne
l'huile sortant du bloc moteur pour la
faire s'écouler dans le couvercle avant
l'apsiration dans la crépine.

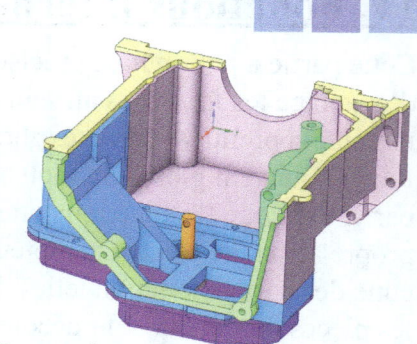

*Partie faisant passer l'huile
(en bleu) dans le couvercle (en
violet) aspirée par la crépine (en
orange)*

1.2. Pièces pour l'aspiration de l'huile

Pour que la crépine aspire l'huile, il
faut qu'une partie du carter d'huile
supporte la pompe à huile.

*Partie supportant la pompe à huile
(en jaune)*

La pompe à huile quand a elle est composée d'une roue à aillettes encas-
trée dans une tige, elle-même fixée à une roue dentée qui est
entrainée en rotation par le vilebrequin par
rapport aux coques de la pompe à huile. La
roue à ailette qui tourne aspire l'huile.

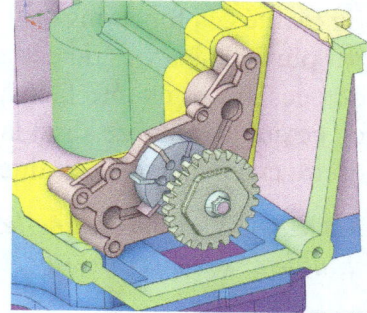

*Roue à ailette (en bleu) en rotation
par la roue dentée (en vert) en
rotation par rapport à la coque de
la pompe à huile (en beige)*

De part la forme de l'évidement de matière d'une des coques l'huile circule à l'intérieur de la pompe à huile et de part l'évidement de l'autre coque de la pompe à huile, l'huile est projetée vers le filtre à huile.

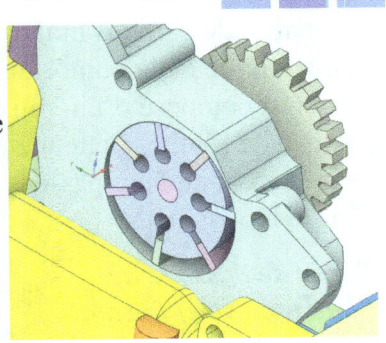

Coque permettant la propulsion de l'huile (en vert) de part sa forme qui compresse l'huile avant sa sortie de la pompe à huile

L'huile entre dans la pompe par des alésages situées dans une coque, puis est dirigée par cette même coque vers la roue à ailette par une rainure (enlévement de matière dans une pièce). L'huile est ensuite compressée par la forme de la deuxième coque qui se rétrécit à mesure qu'elle se rapproche de la sortie d'huile de la pompe.

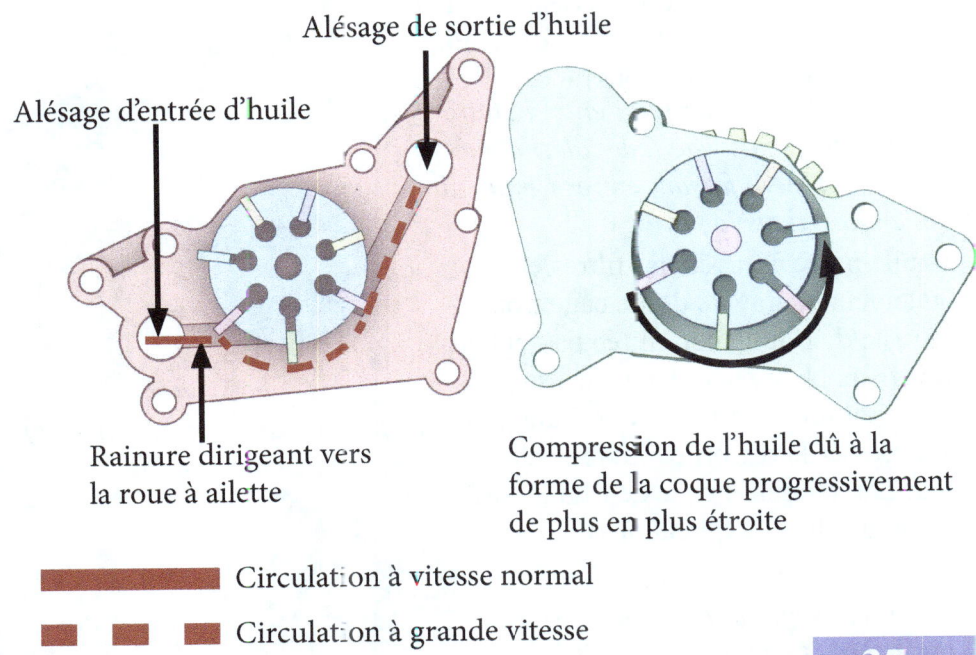

Alésage de sortie d'huile

Alésage d'entrée d'huile

Rainure dirigeant vers la roue à ailette

Compression de l'huile dû à la forme de la coque progressivement de plus en plus étroite

Circulation à vitesse normal

Circulation à grande vitesse

1.3. Pièces pour la filtration de l'huile

Une partie du carter d'huile sert à faire passer l'huile de la pompe au filtre, cette partie est composé d'un trou qui fait le passage de l'huile. Cette même partie permet aussi de faire passer l'huile filtrée dans le bloc moteur.

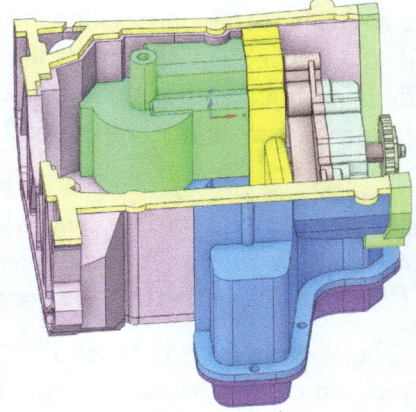

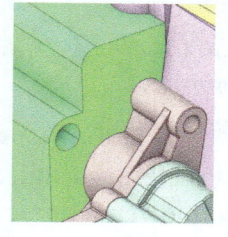

Partie de passage de l'huile (en vert) faisant passer l'huile vers le filtre et le bloc moteur

Une pièce du filtre à huile sert à positionner un joint entre le filtre et la partie du carter sur laquelle il est relié. Une pièce trouée sert à faire entrer l'huile à la position où se trouvent les troues pour que l'huile passe à travers les filtres disposés autour du centre de la boite (crf p25 pour plus d'explications).

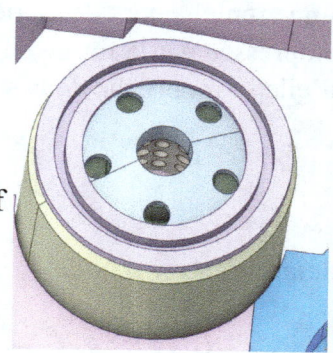

Pièce positionnant un joint entre le filtre et la partie de passage (en violet) et pièces trouées (en bleu) faisant entrer l'huile au bon endroit dans le filtre

L'huile passe à travers les filtres et également au travers d'une cage trouée. Le reste de l'huile non filtrée passent au travers un clapet maintenu dans sa position par un ressort, le flux d'huile fait compresser le ressort et ouvre le clapet pour faire entrer le reste de l'huile (crf p25 pour plus d'explications).

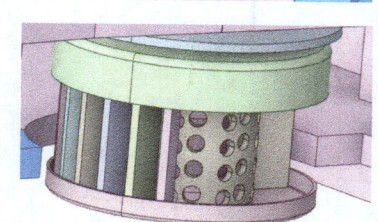

Filtres (en différentes couleurs) cage trouée (en beige)

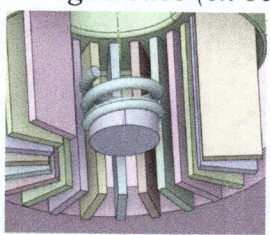

Clapet (au centre, en violet) et le ressort (en vert) qui le ferme et permet l'ouverture et passage de l'huile à petite quantité

Des parties de carter d'huile permettent sa fixations avec le bloc moteur et le carter de distribution.

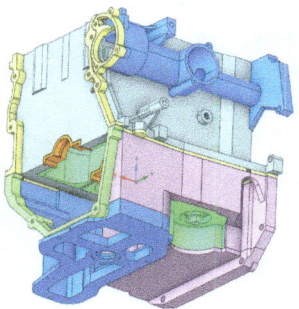
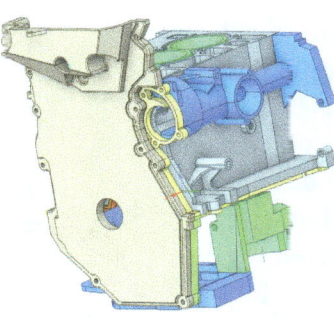

Partie de fixation (en vert) du carter d'huile au carter de ditribution (en beige)

Partie de fixation (en jaune) du carter d'huile au bloc moteur (en bleu ciel)

2. Fonctions internes du bloc moteur et de ses pièces d'interfaces

Le bloc moteur sert de manière générale à permettre la translation des cylindres des pistons des bielles qui permettent la rotation du vilebrequin. Une autre fonction du bloc moteur sert à faire circuler l'eau dans le bloc moteur pour son refroidissement. En réalité ces fonctions sont réalisées par plusieurs parties du bloc moteur ainsi que des pièces en interface avec celui-ci, ce qui lui confère aussi la fonction d'être en connecté à certaines pièces.

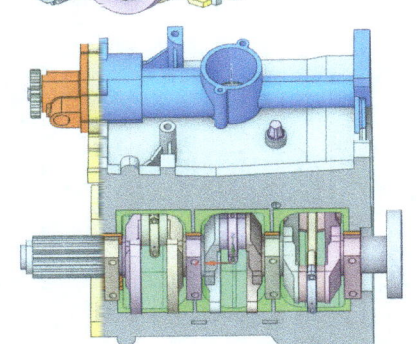

3D des parties fonctionnelles du bloc moteur et ses pièces d'interfaces

2.1. Pièces pour la translation des pistons et la rotation du vilebrequin

Les cylindres des pistons translatent dans le bloc moteur faisant basculer les bielles des pistons en liaison pivot avec les cylindres grâce à une goupille. La translation des bielles fait tourner la liaison pivot entre les bielles et les axes décentrés du vilebrequin permettant la rotation du vilebrequin. Des contre-poids du vilebrequin servent à équilibrer les forces lors de la rotation.

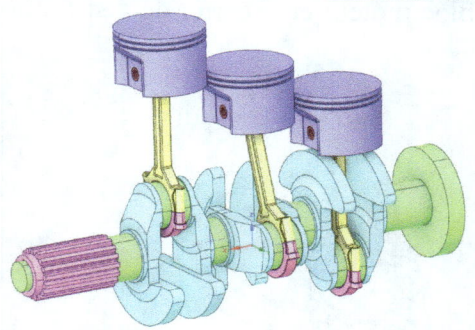

Cylindres des pistons (en violet) bielles (en jaune) goupille (en marron) axes décentrés (en vert) contre-poids (en bleu ciel)

du vilebrequin. Le vilebresquin est composé d'une succession d'axes et de contre-poids permettant l'équilibrage dynamique du vilebrequin. Le vilebrequin est fabriqué en plusieurs pièces plutôt qu'en une seule pour plus de facilité de fabrication. Les axes du vilebrequins ne pourraient pas être troué, pour faire passer l'huile à l'intérieur, à l'aide d'une machine à usiner, si le vilebrequin avait été fabriqué en une seule fois car les contrepoids doivent rester intactes, sans trous. La façon dont le vilebrequin est fabriqué et d'usiner chaun des axes un par un de même pour les contre-poids et de les souder.

Trous

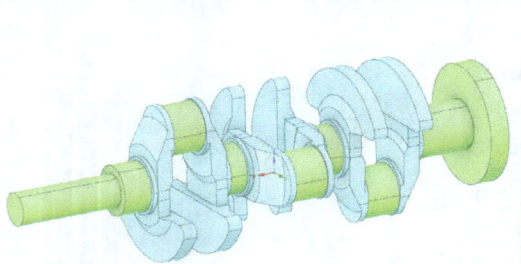

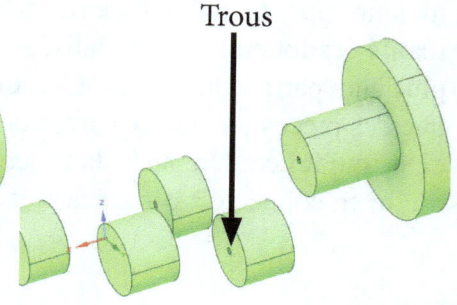

Axes (en vert) empêchant d'être troués par les contre-poids (en bleu) qui doivent reste intact

Trous sur chacuns des axes nécessitant la fabrication un par un des axes

Une partie du bloc moteur sert à permettre la translation des cylindres des pistons tout en permettant de laisser la place aux bielles, en liaisons pivot avec ces cylindres, de faire tourner le vilbrequin.

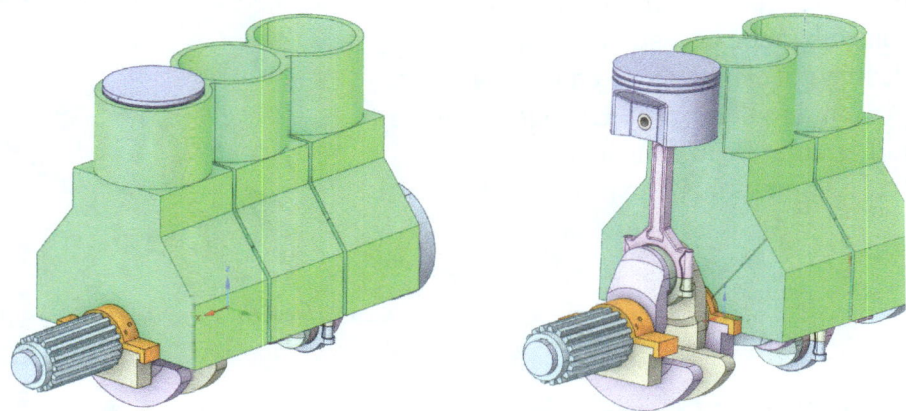

Partie permettant la translation des cylindres des pistons (en vert) et laissant la place aux bielles (en rose) des cylindres (en violet) de mettre en rotation le vilebrequin

2.2. Pièces pour le refroidissement des parties chaudes

Cette dernière partie du bloc moteur, permettant aux cylindres de translater sont soumises à de fortes températures dû aux explosions qui déclenchent la translation des cylindres. Ces parties sont donc refroidies par des évidements de matière dans le bloc moteur permettant de laisser l'eau circuler à différents endroits autour de ces parties chaudes.

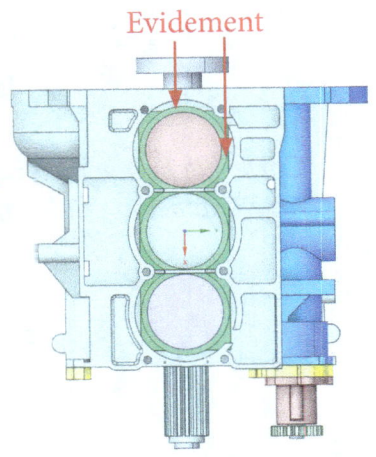

Evidement

Evidement de matière faisant refroidir les parties chaudes (en vert)

Cette eau doit être approvisionnée dans le moteur par un tuyau connecté à une canalisation qui la dirige vers la pompe à eau. La pompe à eau est composé d'une roue à lamelle encastré avec une roue dentée qui est entrainée en rotation par le pignon du vilebrequin. La roue à lamelle fait circuler l'eau dans le bloc moteur (crf p32 pour plus d'explications).

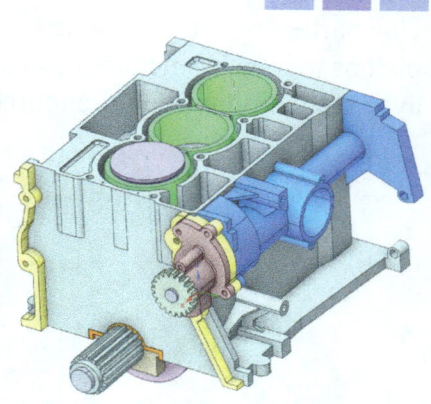

Canalisation (en bleu) dirigeant l'eau la pompe à eau

 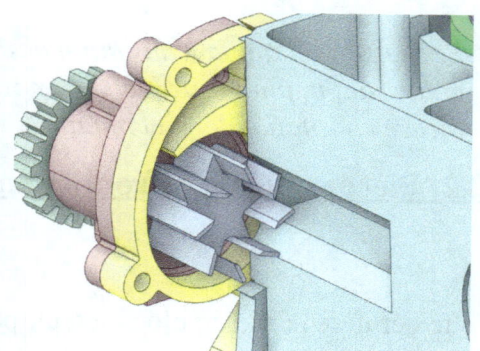

Carter de la pompe à eau (en beige) la roue dentée (en vert) et la roue à lamelle (en bleu)

2.3. Pièces pour la circulation de l'huile de refroidissement, lubrification et nettoyage

L'huile filtrée remonte dans un canal verticale puis passe par un grand canal secondaire la menant vers le grand canal primaire par lequel elle se disperse à travers quatre canaux menant vers les quatre liaisons bloc moteur-vilebrequin.

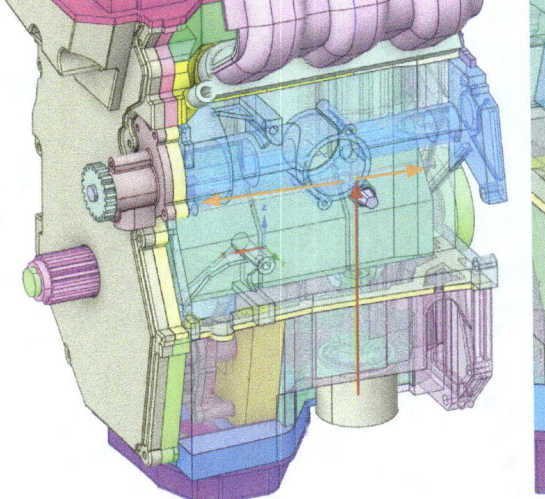
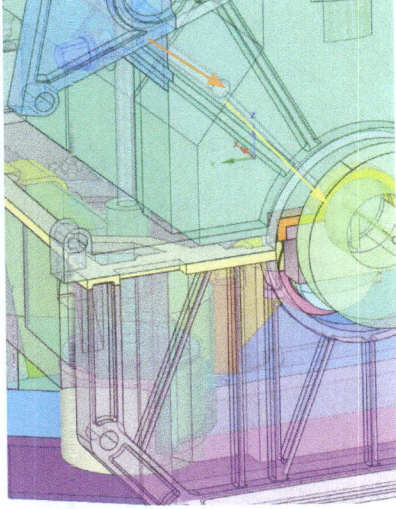

Moteur en transparence pour indiquer le canal verticale (fléche rouge), le canal secondaire (fléche orange) et un canal primaire (fléche jaune)

Une fois que l'huile est passé dans le canal vertical, il passe par un canal secondaire. Ce canal secondaire méne l'huile vers le canal primaire menant vers des rainures sur le bloc moteur, au niveau des pivots du vilebrequin-bloc moteur pour créer des coussinets d'huile. Ces coussinet d'huile permettent de lubrifier à ces endroits afin d'éviter les frottements et l'usures dans ces parties qui ont une concentration de contraintes dû à la rotation du vilebrequin (crf p28 pour plus d'explications).

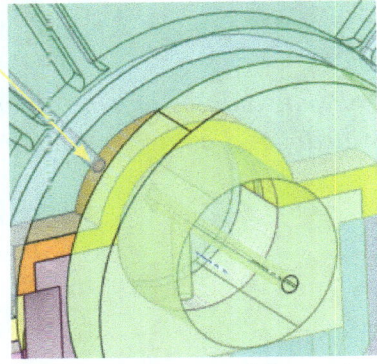

Logement pivot vilebrequin et bloc moteur

43

Ces coussinets d'huile se créent dansles rainures de les parties du bloc-moteur qui sont en liaisons pivot avec le vilebrequin. L'huile passe par la suite dans les à l'interieur du vilebrequin pour le reforidir (crf p29 pour plus d'explications).

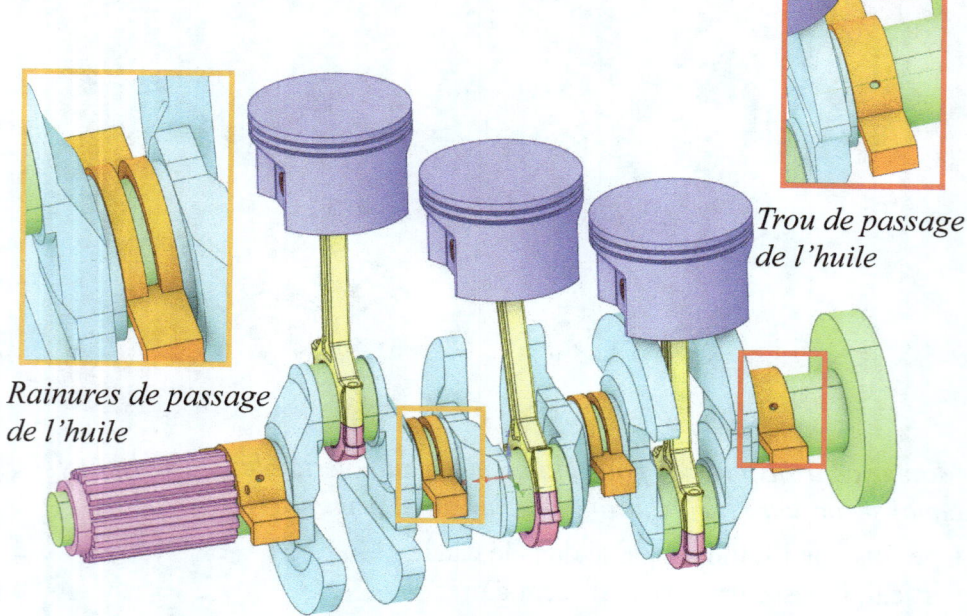

Trou de passage de l'huile

Rainures de passage de l'huile

Partie du bloc moteur au niveau des liaisons pivot du vilebrequin (en orange) d'où arrive l'huile pour créer des coussinet d'huile

Le grand canal secondaire est bouché par un bouchon d'huile vissable au bloc moteur et le canal primaire est bouché par un surplus de volume cylindrique du carter de distribution qui laisse l'espace de mettre un joint d'étanchéité pour éviter que l'huile ne fuit du bloc moteur.

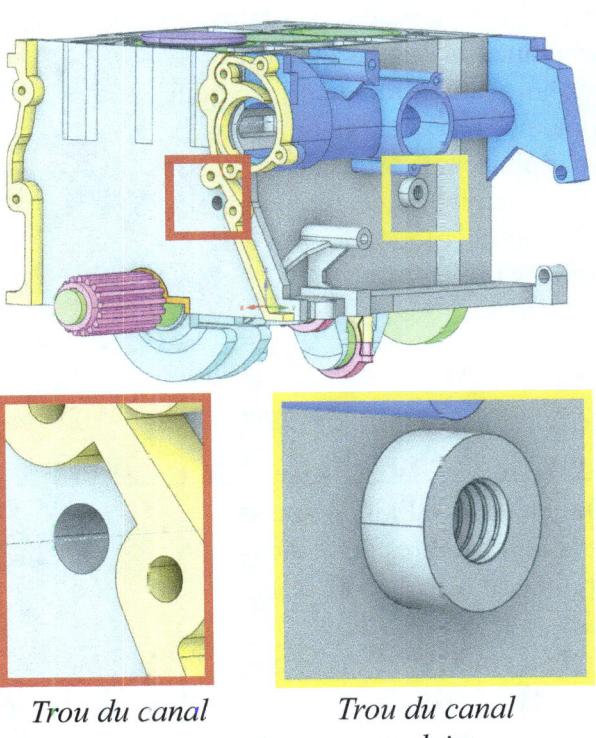

Trou du canal primaire

Trou du canal secondaire

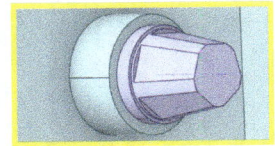

Bouchon vissable (en violet) bouchant le canal secondaire

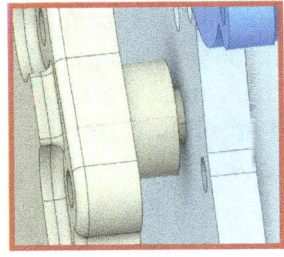

Surplus de volume cylindrique du carter de distribution (en jaune) bouchant le canal primaire

3. Fonctions internes de la culasse et de ses pièces d'interfaces

La culasse sert de manière générale à réguler le passage du carburant mélangé à de l'air dans les trous des cylindres des pistons et à faire exploser le carburant afin que les cylindres translatent pour faire la rotation du vilebrequin dans le bloc moteur. En réalité ces fonctions sont réalisées par plusieurs parties de la culasse ainsi que des pièces en interface avec celle-ci, ce qui lui confère aussi la fonction d'être en connecté à certaines pièces.

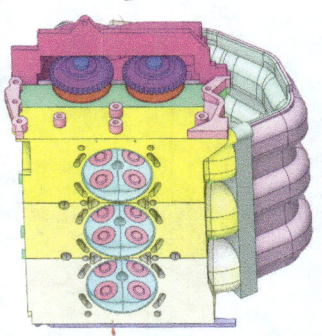

3D des parties fonctionnelles de la culasse et ses pièces d'interfaces

3.1. Le passage du carburant dans la chambre à combustion

Le carburant mélangé à de l'air débute sa circulation, vers les chambres de combustion, par la circulation dans le collecteur d'admission. Le collecteur d'admission est fixé au couvercle du moteur, il est composé de deux parties à la fois pour permettre de fabriquer les trois tuyaux du collecteur d'admission où se trouve des évidements de matière qu'il est impossible de fabriquer par impression 3D, usinage ou moulage, sans le diviser en deux mais aussi pour démonter le collecteur d'admission afin de vérifier si rien ne le bouche.

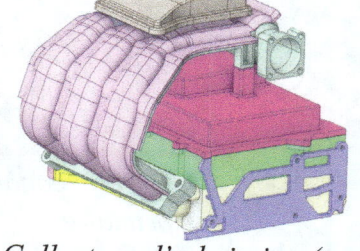

Collecteur d'admission (en vert, violet clair, marron)

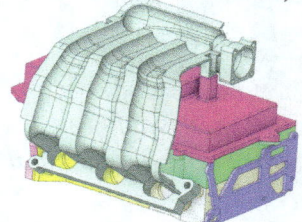

Partie inférieur du collecteur d'admission (en vert)

Le carburant passe dans les trois parties qui comprennent le **canal d'admission*** ainsi que le **canal d'échappment***. Ces parties de passages ont pour fonction de conduire le carburant dans la chambre à combustion via le canal d'admission. Une fois que le carburant est dans la chambre à combusion, il est explosé. Une fois que la fumée est créée, après l'explosion, elle est évacuée en dehors du moteur par le canal d'échappement.

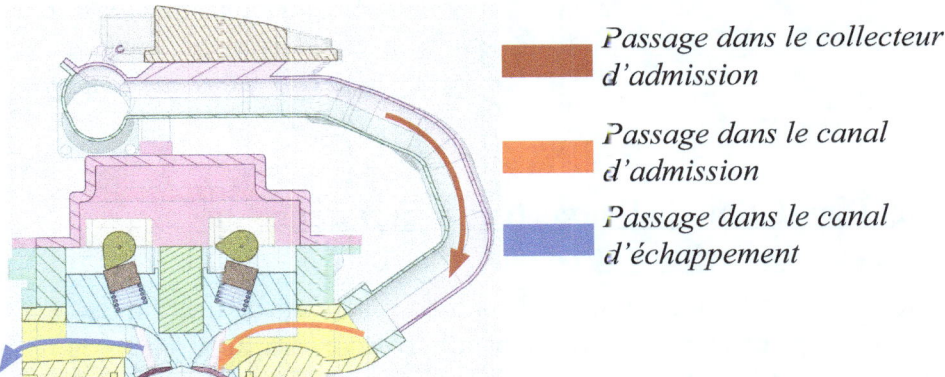

Passage dans le collecteur
d'admission

Passage dans le canal
d'admission

Passage dans le canal
d'échappement

En définitif les parties de passage du carburant font circuler le carburant jusqu'à sa transformation en fumée par les explosions en dehors du moteur.

Entrées des 3 parties de passages du carburant (en nuances de jaune) par le canale d'admission

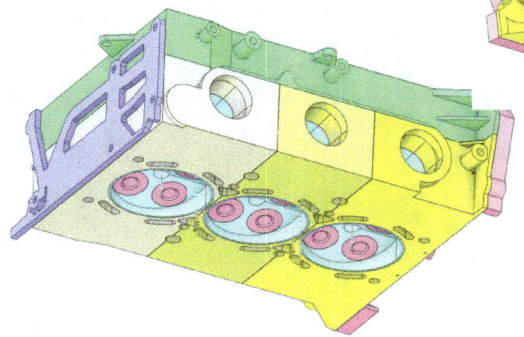

Sorties de la fumée des 3 parties de passages du carburant (en nuances de jaune) par le canal d'échappement

*Voir la définition dans le glossaire.

Avant que le carburant ne soit explosé, il est bloqué avant la chambre à combustion, par les pieds des soupapes qui ferment les alésages (trous) de passages du carburant dans la chambre à combustion.

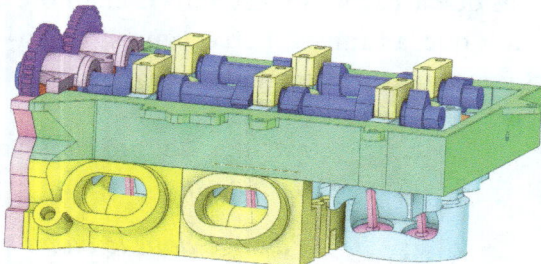

Partie dans laquelle le carburant est bloquée avant la chambre à combustion (en bleu) et pieds des soupapes (en mauve)

3.2. Régulation de l'ouverture et fermeture du passage du carburant

Une partie de la culasse sert de support aux ressorts de traction qui permettent aux cylindres des soupapes de descendre, au moment ou les cames de l'arbre à cames entrent en contact avec les cylindres des soupapes, pour créer l'ouverture et le passage du carburant. Dans une deuxième phase les ressorts de traction servent à pousser les cylindres des pistons vers le haut, une fois que les cames ne sont plus en contact avec le cylindre, afin de fermer le passage du carburant (crf p19 à 21).

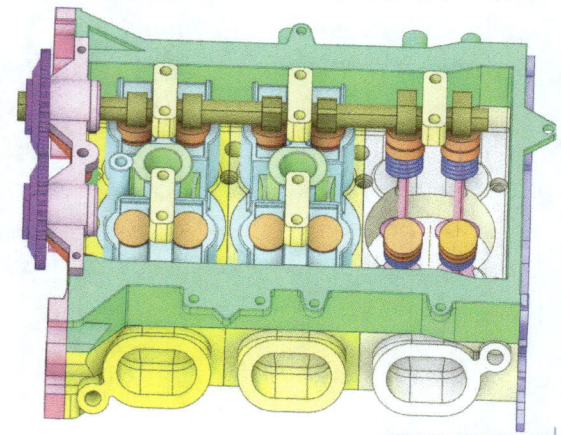

Ressorts de traction (en bleu foncé) permettant la descente des cylindres des soupapes (en orange) lors du contact avec les cames des arbres à cames (en marron clair)

Les arbres à cames sont entrainés en rotation par des roues dentées solidaires des arbres à cames qui sont eux-même entrainés en rotations par la chaine qui relie ces roues dentées au pigzon du vilebrequin. Les arbres à cames sont en liaison pivots avec leurs fixations et avec la culasse.

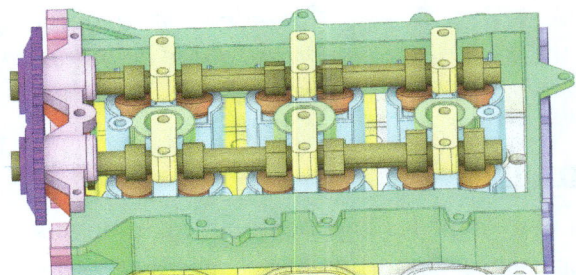

Fixations des arbres à cames (en jaune) aux parties de la culasse (en bleu clair)

Pour permettre l'ouverture et la fermeture des passages du carburant, les soupapes doivent être montées dans des parties de la culasse. Pour monter ces soupapes, dans les parties de la culasse, elles doivent être montables et démontables en trois pièces. Les trois pièces sont le cylindres, les pieds, ainsi que deux coupelles qui sont des demi cylindres creux se logeant dans un enlèvement de matière en révolution des pieds, permettant de bloquer les cylindres sur leurs pieds de soupapes.

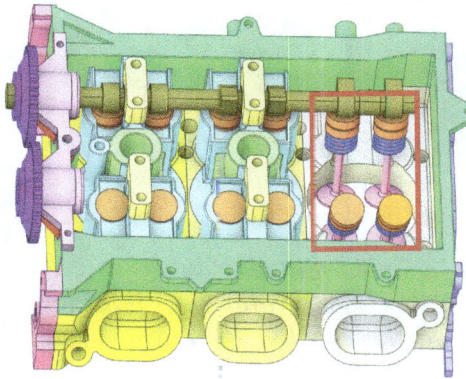

Position des soupapes dans la culasse (encadré rouge)

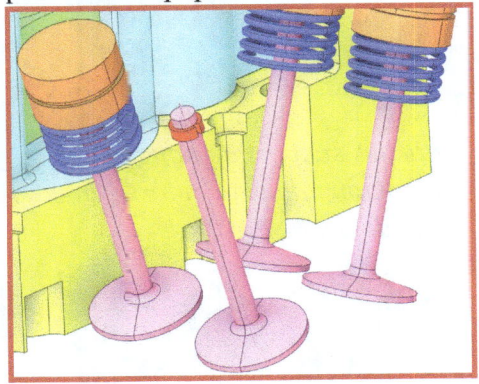

Cylindres (en orange), pieds des soupapes (en rose) et coupelles (en rouge)

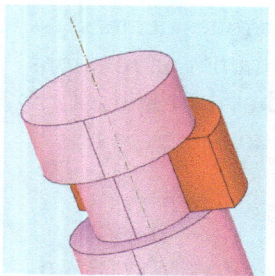 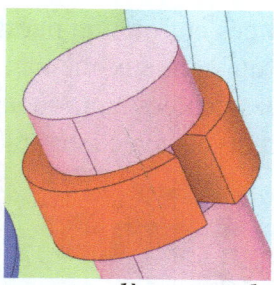

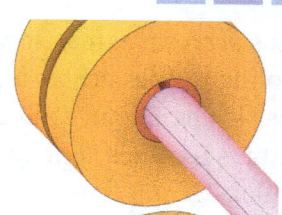

Coupelles (en rouge) dans un enlèvement de matière en révolution du pied (en rose)

Coupelles (en rouge) encastrant le cylindre (en orange) sur le pied

3.3. Explosion du carburant

Une fois que le carburant est entré dans les logements situés au-dessus des cylindres des pistons, des parties support de bougie permettent de positionner les bougies au centre des logements. Les bougies créent des étincelles qui entrant en contact avec le carburant forme les explosions.

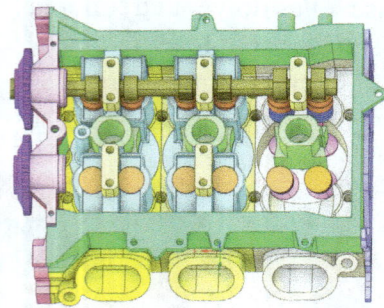

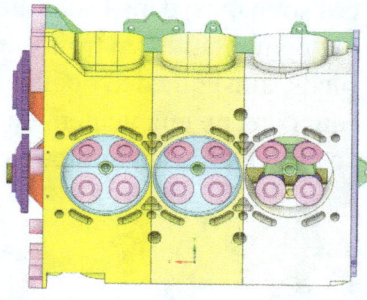

Parties support de bougies (en vert clair) dans la culasse en vue de dessus

Parties support de bougies (en vert clair) dans la culasse en vue de dessous

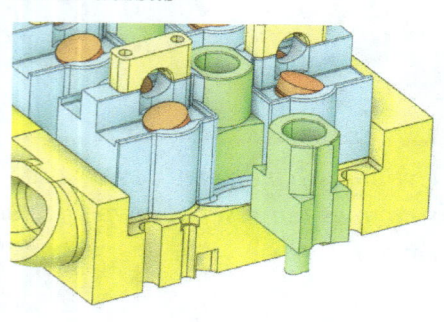

Parties support de bougies (en vert clair) positionnées dans les parties de blocage, ouverture et explosion du carburant (en bleu clair)

I. Introduction

Dans ce chapitre II nous allons analyser le fonctionnement et la composition d'un siège de voiture à partir d'une 3D réalisée par l'auteur. De longues et intenses recherches ont étés déployées par l'auteur pour comprendre le fonctionnement de tous les détails du siège et pour pouvoir le dessiner en 3D de manière réaliste.

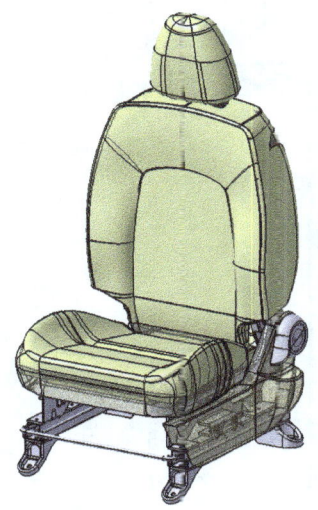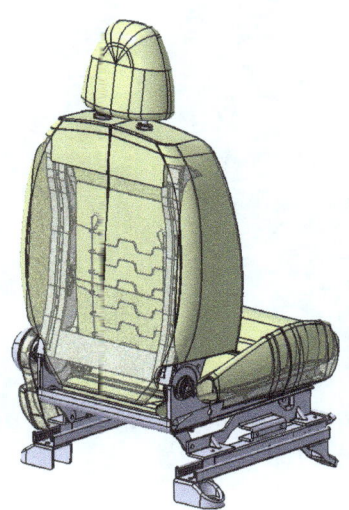

3D utilisé pour l'étude du siège de voiture

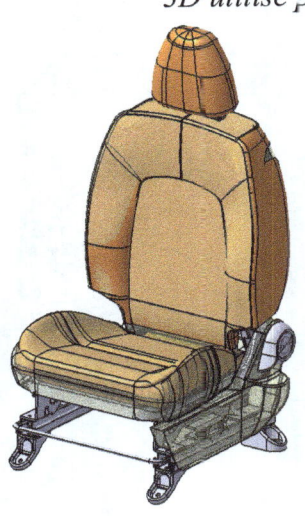

Ce chapitre II est composé de :

● Une partie sur les élèments permettant le confort des usagers, avec :

▪ Les **élèments de rembourrage :**
  - Rembourrage de l'assise
  - Rembourrage du dossier

●Une partie sur les **élèments d'amoirtissement** du rembourrage :
- Ressort du cadre de l'assise
- Grille du dossier

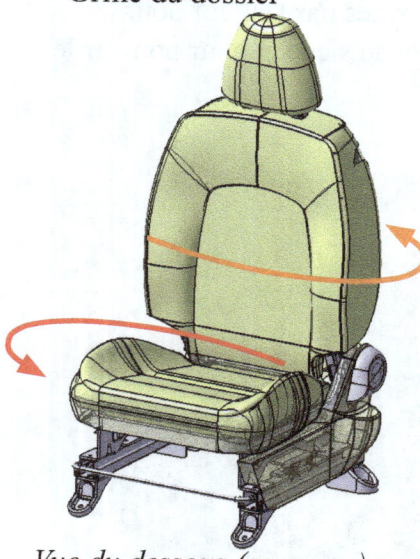

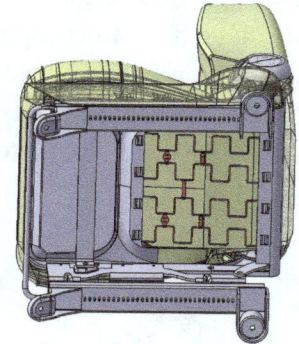

Ressort du cadre de l'assise (en rouge)

Vue du dessous (en rouge) vue de derrière (en orange)

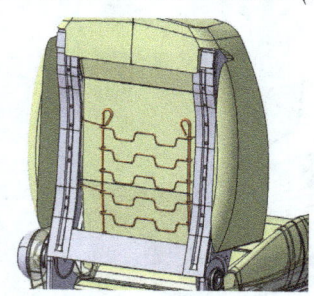

Grille du dossier (en orange)

●Une partie sur le **châssis, les pièces structurelles**
du siège :
- Le cadre de l'assise
- Le châssis du dossier
- Le châssis du repose tête
- Pièce de liaison cadre asisse-rail glissant

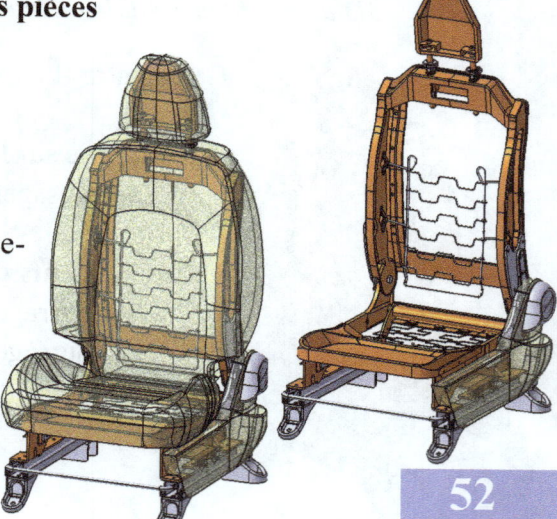

Châssis (en orange) du siège

• Les **coques de protection** des systèmes de réglage avant-arrière et de réglage angulaire du dossier

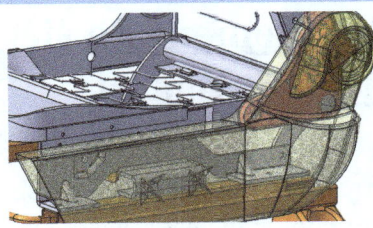

Coque de protection (en jaune)

● Une partie sur les systèmes de réglage du siège, avec :

• Le **réglage de l'avancé ou recul** du siège, par les rails de guidage avec le système de blocage du réglage

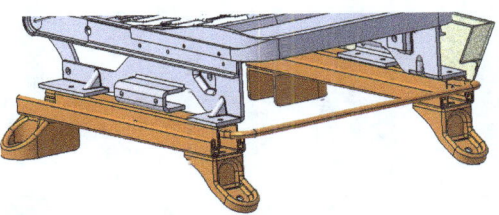

Sytème de réglage avant-arrière (en orange)

Siège avec les systèmes de réglage (en couleur) et la protection (en jaune)

• Le **réglage angulaire du dossier** du siège par une pièce fixée à l'assise en liaison pivot (rotation) avec une pièce solidaire du dossier

• Le **réglage des reposes tête** avec une butée sous forme de clips pour bloquer la position du repose tête

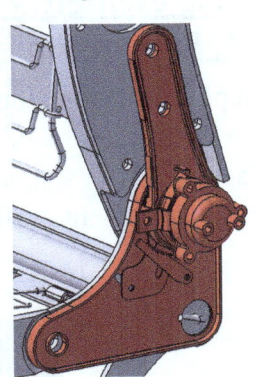

Sytème de réglage angulaire du dossier (en rouge)

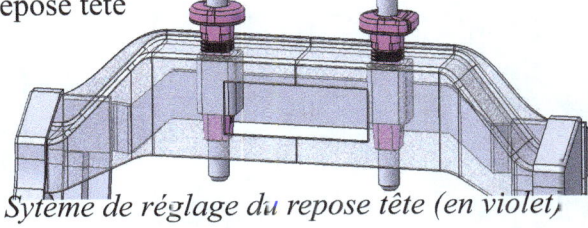

Sytème de réglage du repose tête (en violet)

II. Fonctionnement du siège
1. Le éléments de confort

Tout le monde le sais le rembourrage de l'assise comme celui du dossier sert à ne pas être en contact avec le châssis pour un meilleur confort des passagers. Ce rembourrage est assusré par de la mousse recouvert d'un tissu.

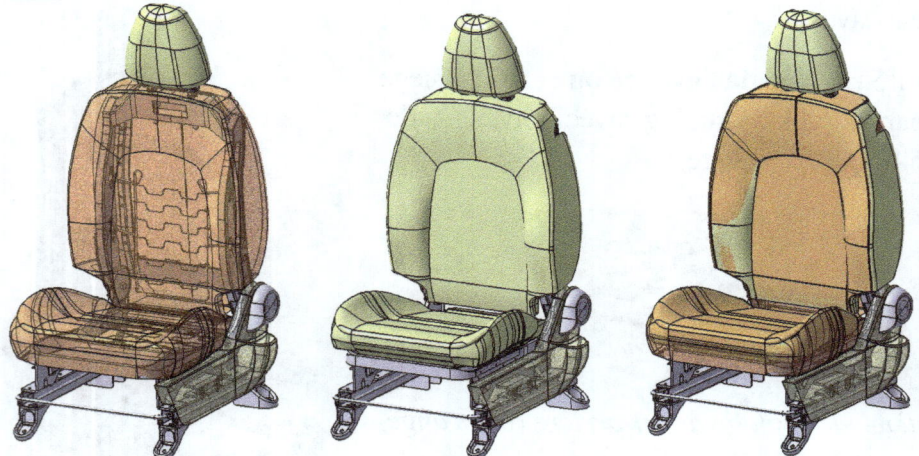

Siège avec le tissu (en orange) et la mousse (en jaune)

2. Le éléments d'amortissement
2.1. Ressort du cadre de l'assise

En plus de la fonction de confort qu'ont les rembourrages, le confort est amélioré par des élèments d'amortissement qui permettent d'avantage d'augmenter la souplesse de l'assise et du dossier. Pour l'assise l'élèment d'amortissement est des ressorts situés sur le cadre de l'assise.

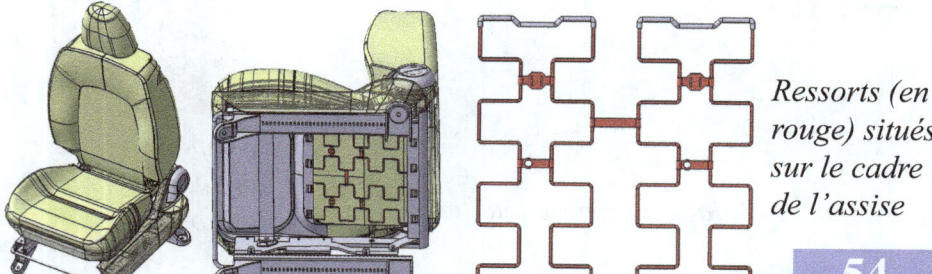

Ressorts (en rouge) situés sur le cadre de l'assise

Les ressorts sont en réalité des fils d'acier torsadés. Quelques ressorts, en général 4, sont positionnés les uns à coté des autres, ils sont attachés sur le cadre de l'assisse par des pièces d'attaches.

Ressorts (en rouge) pièces d'attaches sur le cadre de l'assise (en jaune)

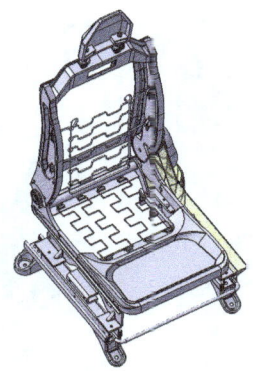

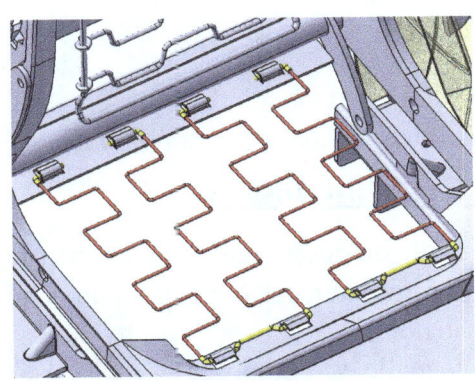

Ressorts (en rouge) attachés au cadre de l'assise par les pièces d'attaches (en jaune)

Attacher les ressorts sur le cadre ne permet pas de tendre les ressorts pour amortir et supporter le rembourrage, pour palier à ce problème des pièces tendeur de ressort sont clipsés entre deux ressorts pour lier les ressorts entre eux et permettre qu'ils ne se courbent trop lors de la force exercée par le poid du conducteur ou passager.

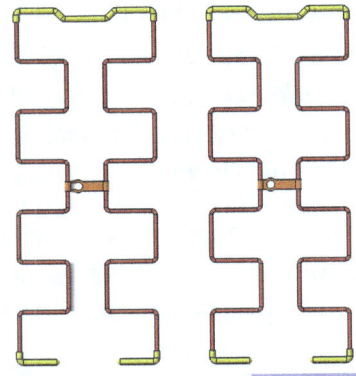

Pièces tendeur de ressort (en orange)

Des supports de connecteurs (connecteurs non représentés) sont aussi clipsés sur des ressorts pour attacher des connecteurs (conducteur étant relier à un appareil électrique) dans le cas où le siège est motorisé pour rendre automatique les réglages d'avancé ou de recul, le réglage angulaire du dossier, et pour certain, la hauteur du siège. En général si le siège n'est pas motorisé, ces supports de connecteurs sont remplacés par des pièces tendeurs de ressorts.

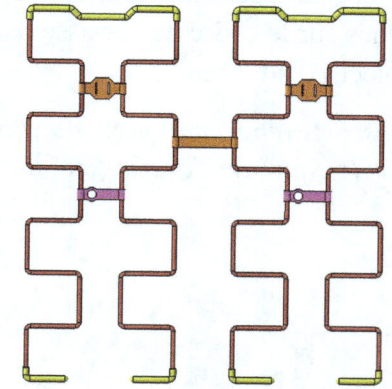

Supports de connecteurs (en violet)

b. Grille du dossier

La grille du dossier permet d'amortir le rembourrage lors de la force exercées par l'appui du conducteur, passager, sur le dossier.
Cette grille est composée de plusieurs fils d'acier torsadés et enroulés autour d'un seul fils de diamètre plus grand.
Fils de diamètre supérieur (en rouge) et fils de diamètre inférieur (en orange)

Grille du dossier postionnée sur le dossier

Le fils de diamètre plus grand sert d'armature à la grille pour la rendre rigide tandis que les fils torsadés, enroulés, permettent de créer l'amortissement de parts leurs plus petites dimensions permettant leur souplesse.

3. Le châssis
3.1. Le cadre de l'assise

Le cadre de l'assise sert de support au rembourrage
de l'assise et permet d'attacher les ressorts servant
à l'amortissement du rembourrage. Le châssis de
l'assise se décompose en plusieurs parties : un
support de rembourrage, deux parties latérales,
une tôle de fixation des ressorts, une tige pour le
renfort lors de l'inclinaison du dossier.

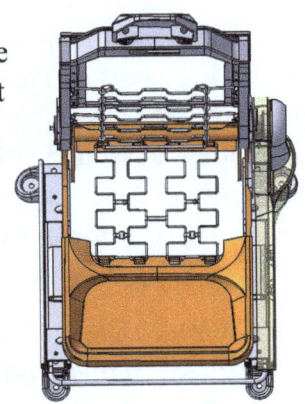

*Cadre de l'assise (en
orange)*

Le support de rembourrage a une partie creuse pour permettre d'enfouir
le rembourrage en mousse, cette forme doit avoir une forme qui épouse
la forme du coussin de mousse pour pouvoir emboiter le coussin sur le
support afin qu'il ne se déplace pas. Il permet aussi d'accrocher un bout
des ressorts.

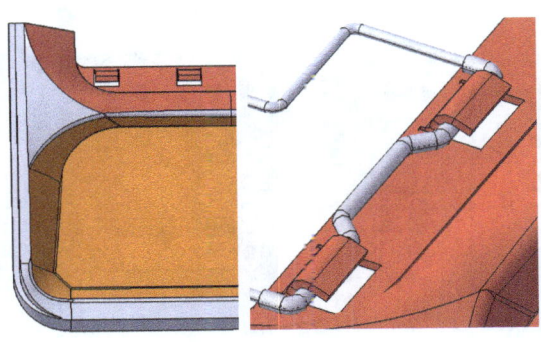

*Partie creuse (en orange) partie
d'accroche des ressorts (en rouge)*

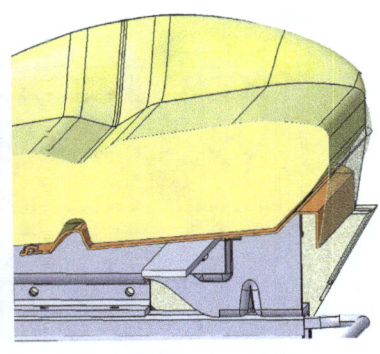

*La forme du support (en
orange)épousant la forme du
rembourrage (en jaune)*

Les deux parties latérales situées à gauche et à droite permettent de mettre le châssis de l'assise en liaison pivot avec le châssis du dossier. Ils permettent aussi de lier le support du rembourrage aux autres pièces pour constituer la forme que doit avoir le cadre de l'asisse.

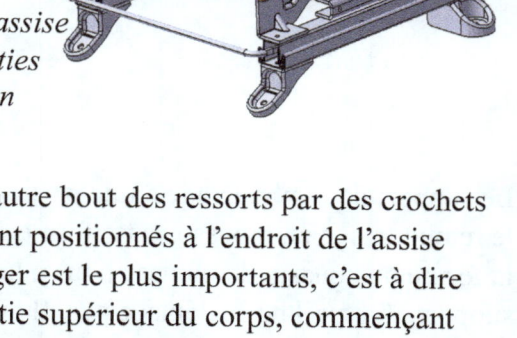

Parties latérales du châssis de l'assise (en orange) en pivot avec les parties latérales du châssis du dossier (en rouge

La tôle pliée permet d'attacher l'autre bout des ressorts par des crochets de sorte à ce que les ressorts soient positionnés à l'endroit de l'assise où le poids du conducteur, passager est le plus importants, c'est à dire à l'arrière du siège puisque la partie supérieur du corps, commençant par les hanches sont à l'arrière du siège, une fois le conducteur, passager installé.

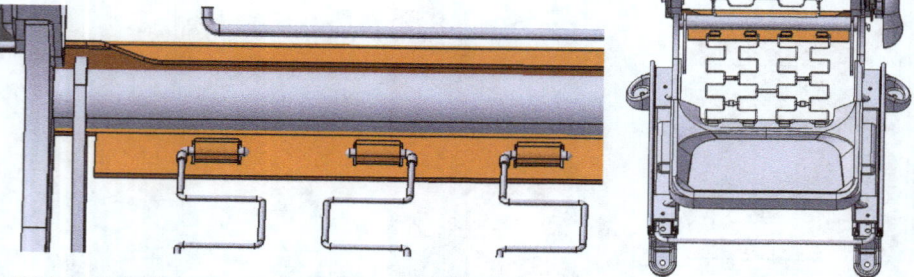

Tôle pliée (en orange) positionnée à l'arrière du châssis de l'assise afin d'attacher les ressorts

La tige pour le renfort lors de l'inclinaison permet d'éviter des efforts importants sur les parties latérales lors de l'inclinaison du dossier provoquant une force plus importante au niveau de ces parties. Elle permet aussi de supporter la partie arrière du châssis pour éviter de mettre en porte-à-faux le châssis de l'assise lors de l'installation du conducteur, passager, pouvant rompre les parties latérales.

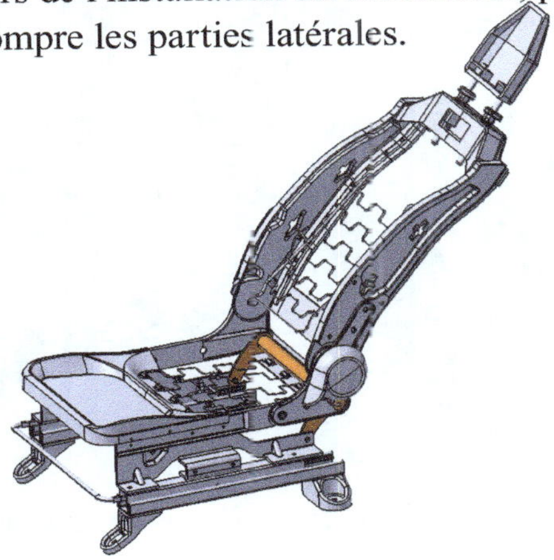

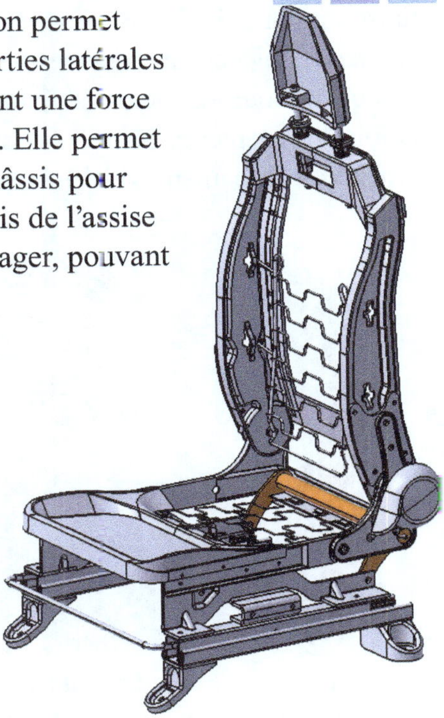

Dossier incliné et en position initiale avec le support de la tige de renfort (en orange) résistant aux efforts du poids du dossier et du conducteur, passager

3.2. Le châssis du dossier

Le châssis du dossier est composé de deux pièces latérales, une pièce supérieur et une pièce de renfort pour rigidifier le châssis du dossier. Le châssis du dossier sert de structure pour supporter le rembourrage et permettre l'intégration de l'amortissement du rembourrage sur le dossier.

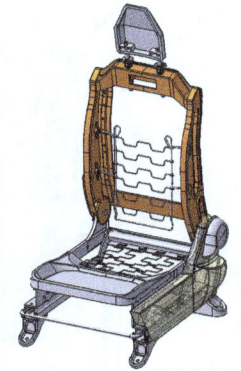

Châssis du dossier (en orange)

Fonctionnement du siège

Les deux pièces latérales permettent de créer une liaison pivot avec le châssis de l'assise. La forme creuse des pièces latérales permet de loger les écrous du boulonnage de la plaque de fixation à la fois sur les pièces latérales et aussi sur la partie mobile du mécanisme d'inclinaison du dossier.

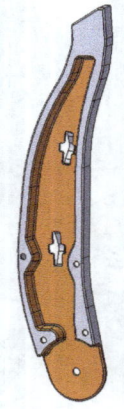

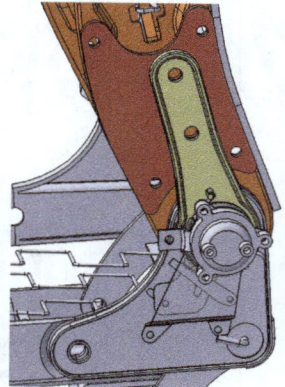

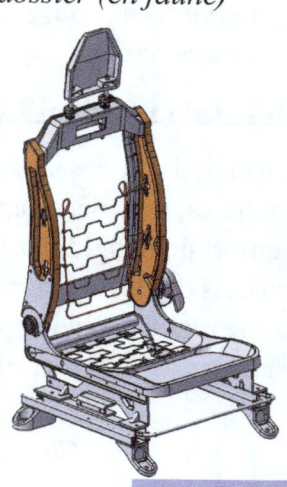

Forme creuse (en orange)

Pièces latérales (en orange) sur laquelle est fixée une plaque de fixation (en rouge) fixer à une partie mobile du mécanisme d'inclinaison du dossier (en jaune)

Ces pièces latérales permettent aussi d'accrocher la grille du dossier sur les pièces latérales à l'aide d'attaches fabriquées à partir d'un rectangle de tôle plié.

Attache (en jaune) accrochant la grille (en rouge) sur la partie latérale (en orange)

La pièce supérieur sert à lier les deux pièces latérales pour les distancer d'une longueur égale à la largeur du dossier.

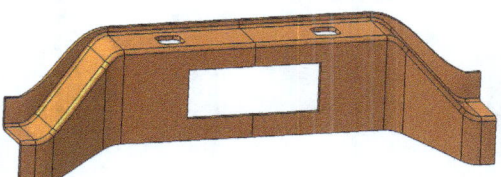

Pièce supérieur (en orange)

*Pièce supérieur (en orange) éloignant
les pièces latérales (en rouge) pour
créer la largeur du châssis du dossier*

Une pièce de renfort sert à lier les pièces latérales pour renforcer la structure du châssis du dossier.

Cette pièce est en réalité composée de plusieurs pièces soudées les unes aux autres. Il y a la pièce de fixation aux pièces latérales, un support pour les profilés servant à maintenir en position les systèmes de réglages des repose tête.

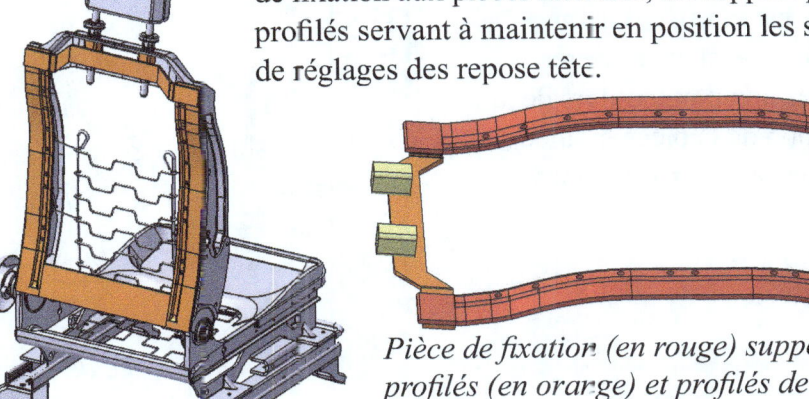

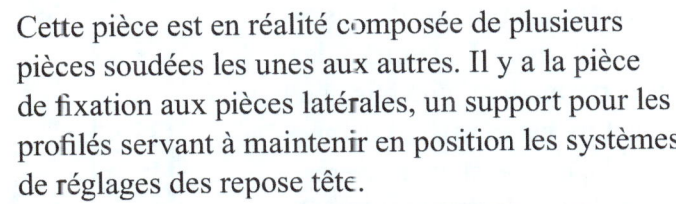

*Pièce de fixation (en rouge) support des
profilés (en orange) et profilés de maintient
des réglage du repose tête (en jaune)*

Pièce de renfort (en orange)

3.3. Le châssis du repose tête

Le châssis du repsose tête sert à supporter le rembourrage du repose tête. Il est composé d'une structure faisant office d'armature pour rigidifier le repose tête ainsi que de deux tiges dont une composé de fentes ou rainures permettant de régler la hauteur du repose tête.

Structure (en orange) tiges sans rainures à gauche et avec rainures à droite (en rouge)

Ces deux tiges sont solidaires de la structure par une **gorge*** (enlèvement de matière en révolution) située au-dessus des deux tiges. Les gorges des tiges permettent, une fois que la structure est **moulée par insert*** (moulage concistant à insérer des pièces non moulées lors de la fabricartion de la pièce moulée), de bloquer les deux tiges dans la structure.

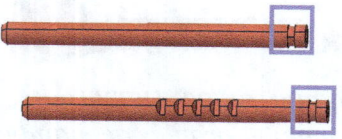

Gorges (encadré violet) des deux tiges

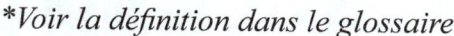
*Voir la définition dans le glossaire.

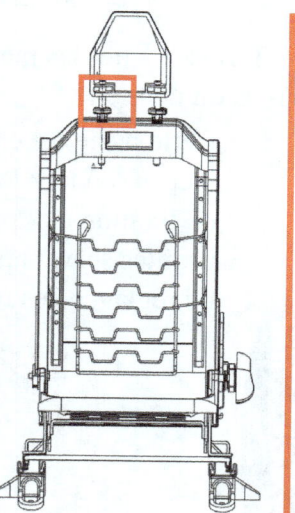

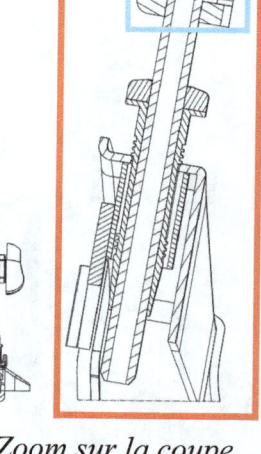

Zoom sur la coupe du blocage des tiges dans la structure

3.4. Pièces de liaison du cadre assise-rail glissant

Les pièces de liaison du cadre de l'assise et des rails glissants permettent de fixer le cadre de l'assise aux rails glissant. Sur ces pièces une latte en métal est fixée pour aligner les deux pièces de liaison gauche et droite pour le vissage avec les deux parties latérales du cadre de l'assise. La fixation des pièces de liaisons avec la latte en métal permettent permet de synchroniser le déplacement des deux pièces de liaisons.

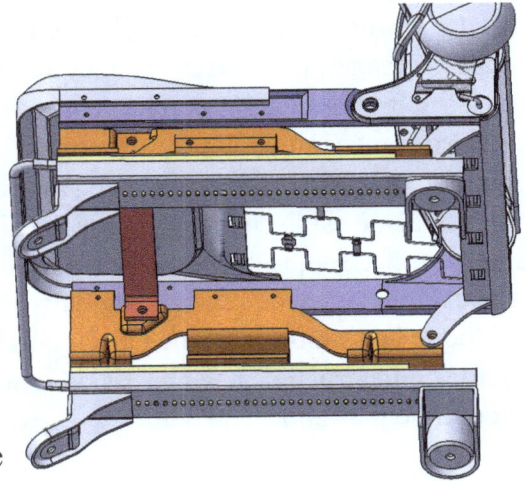

Pièces de liaisons (en orange) alignées par une latte en rouge (en rouge) pour lier des parties latérales (en violet) sur les rails glissants (en jaune)

3.5. La coque de protection

Ces pièces de liaisons permettent aussi de fixer une coque de protection permettant de protéger les systèmes mécaniques de réglage d'avancée et recul ainsi que les rails de guidage et de réglage angulaire du dossier.

Des volumes rigidifiés avec des nervures sont percés pour fixer la coque sans risques de cassures.

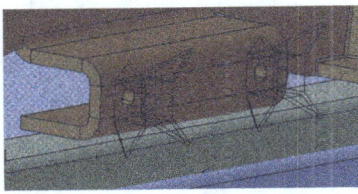

Volumes avec nervures et perçages pour la fixation

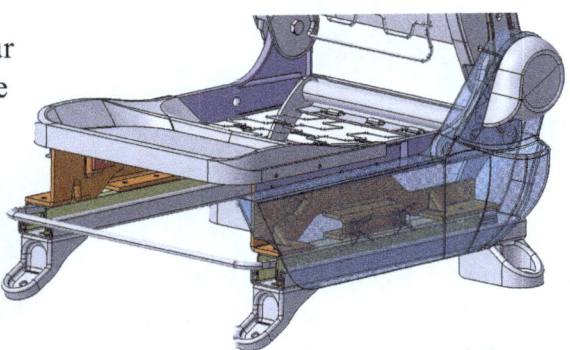

Coque de protection (en bleu)

4. Les systèmes de réglages

Chaques systèmes de réglages délimitent les 5 groupes de pièces encastrées les unes aux autres (classes d'équivalences*) et reliés entre eux par des liaisons mécanique. Le 1er groupe est celui de la fixation du système de réglage de l'avancée et le recul. Le 2ème est le châssis de l'assise qui coulisse dans le 1er. Le 3ème est le châssis du dossier. Le 4ème est le système de réglage angulaire du dossier qui bloque la rotation du 3ème par rapport au 2ème. Enfin le 5ème groupe est le châssis du repose tête qui coulisse par rapport au 3ème.

Le 1er groupe (en violet), le 2ème (en rouge), le 3ème (en jaune), le 4ème (en orange) et le 5ème (en vert)

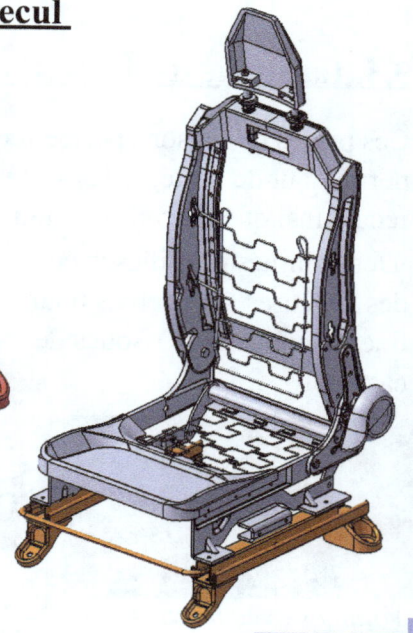

4.1.Réglage de m'avancée et du recul

Le réglage de l'avancé et du recul est assuré par les rails de guidage. Ces rails de guidage sont maintenu en position par des pièces d'attaches fixant les rails sur le plancher du véhicule.

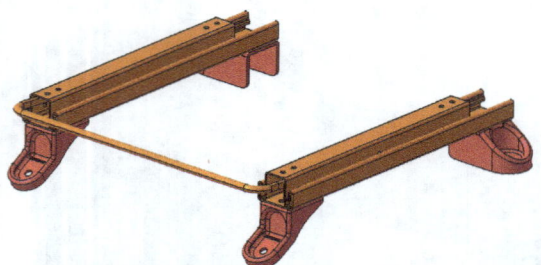

Système de réglage d'avancée et de recul (en orange) et pièces d'attaches (en rouge)

*Voir la définition dans le glossaire.

Un système permet de bloquer et débloquer le glissement des rails afin de régler le siège dans la position avant-arrière souhaitée et cela en appuyant sur une poignée en forme de tige.
Une poignée en forme de tige torsadée est fixées à l'aide de **goupilles*** sur une pièce de bascule. Cette pièce de bascule, arrêtée par une **butée***, est en liaison pivot avec le rail glissant et est en contact avec une tige torsadée pivotante par une goupille trouée.

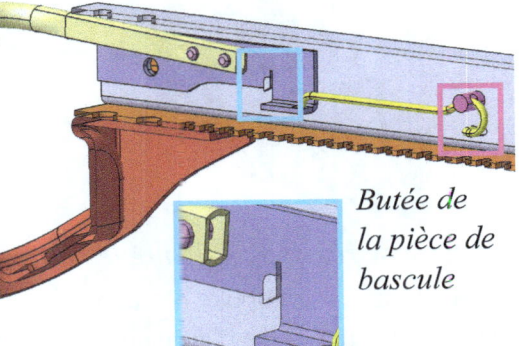

Profilé en tige (en jaune) goupille (en mauve) pièce de bascule (en violet) tige torsadée (en jaune) et goupille trouée (en mauve)

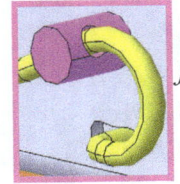

Tige torsadée (en jaune) passant à travers la goupille trouée (en mauve)

Butée de la pièce de bascule

La goupille trouée pivote (tourne) par rapport au rail glissant pour permettre à la tige torsadée, qui passe à travers la goupille trouée de venir se loger dans des des **rainures** du rail fixe pour bloquer le rail glissant.

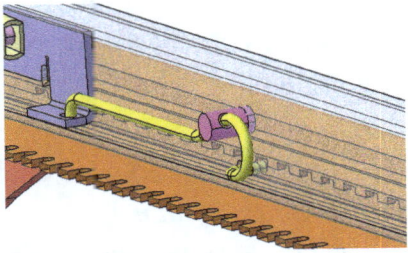

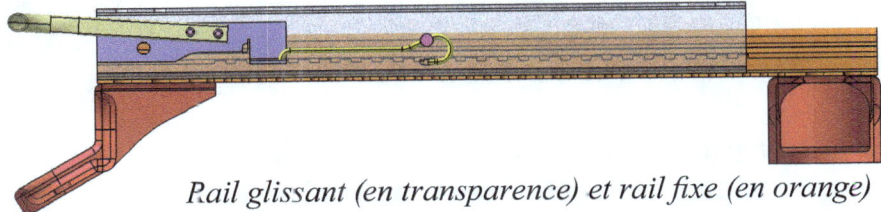

Rail glissant (en transparence) et rail fixe (en orange)

*Voir la définition dans le glossaire.

4.2. Réglage angulaire du dossier

Le système de réglage angulaire du dossier est un
mécanisme permettant de bloquer et débloquer la
position angulaire du dossier.

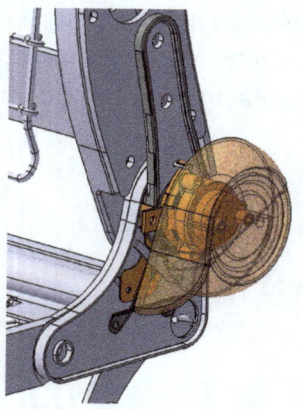

Système de réglage angulaire (en orange)

Le système est composé d'une partie mobile composée d'une poignée
clipsée sur une pièce d'attache poignée-levier, cette pièce d'attache est
elle-même vissée sur une pièce de levier visée elle aussi à une pièce de
bascule. Une ressort en spiral est aussi intégré dans le système, mis en
position par rapport au levier par un axe troué maintenu dans sa position
par une goupille.

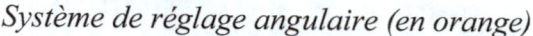

*Poignée (en orange) attache
poignée-levier (en jaune)
pièce de bascule (en violet)
ressort (en bleu) axe troué
(en vert) goupille (en vert
foncé)*

Cette partie mobile permet en définif de faire basculer la pièce
de bascule tout en maintenant le ressort en spiral dans sa position
d'origine car il sert à bloquer la rotation du châssis du dossier par
rapport au châssis de l'assise.

66

Une pièce crantée, dont la position est modifiée par le basculement de la pièce de bascule dû à une liaison **téton*** et **trou oblong***, bloque et débloque la position angulaire du châssis du dossier. La pièce crantée bloque et débloque la position du châssis du dossier du fait de l'emboitement de ses dentures avec celle d'une pièce solidaire au châssi du dossier.

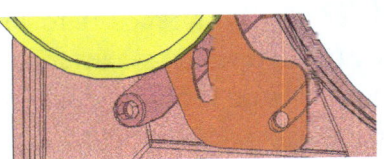

Liaison tenon-trou oblong permettant à la pièce de bascule (en orange) de bouger la pièce crantée (en violet)

Pièces crantée (en violet) bloquant, suivant le basculement de la pièce de bascule (en orange), la position du châssis du dossier (en jaune) par rapport au châssis de l'assise (en rouge)

4.3. Réglage du repose tête

Le châssis du repose tête est réglable en hauteur par un système de réglage du repose-tête.

Système de réglage du repose tête (en orange)

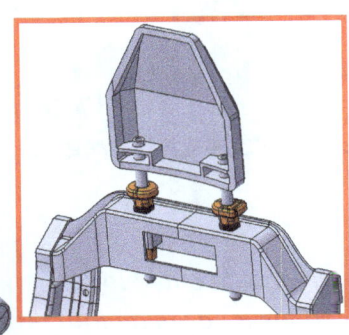

**Voir la définition dans le glossaire.*

Ce système de réglage du repose tête est fixé à la partie supérieur du châssis du dossier. Dans le système de réglage, coulisse le châssis du repose tête.

Le système permet de bloquer et débloquer la position du châssis du repose tête en faisant translater les tiges du châssis du repose tête dans ce système.

Système de reglage (en orange) châssis du dossier (en jaune) châssis du repose tête (en vert)

Pour bloquer et débloquer les tiges crantées du châssis du repose tête, le système de réglage est muni d'une pièce de **butée*** pouvant s'écarter par une pression vers la tige et ainsi éloigner les parties de la butée censées se loger dans les crans de la tige crantée du châssis du repose tête.

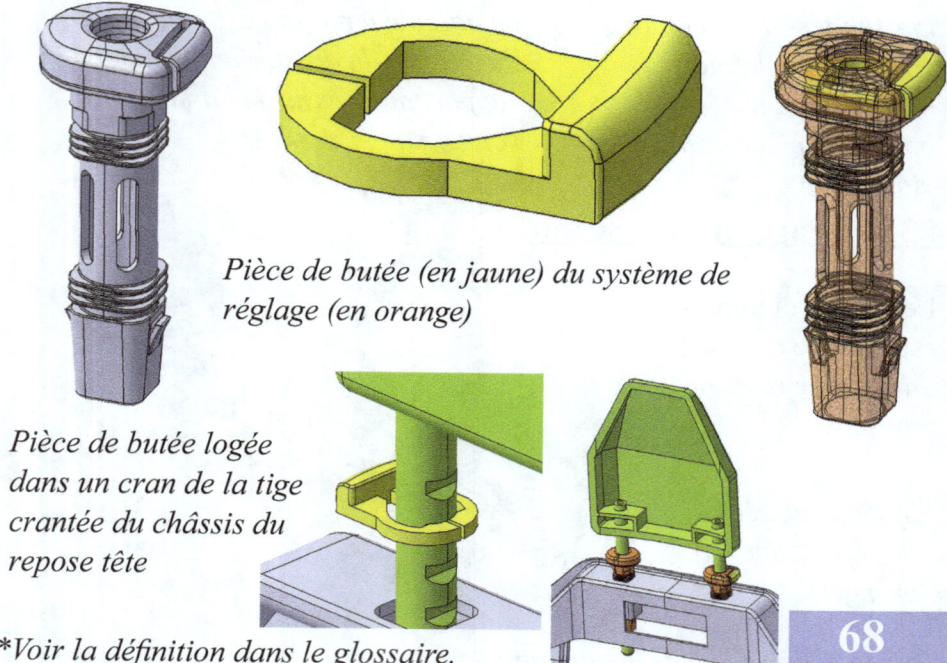

Pièce de butée (en jaune) du système de réglage (en orange)

Pièce de butée logée dans un cran de la tige crantée du châssis du repose tête

**Voir la définition dans le glossaire.*

68

III- Glossaire

Alésage :

Un alésage est une terme mécanique qui désigne un perçage cylindrique dans une pièce mécanique pouvant être le support d'un axe.

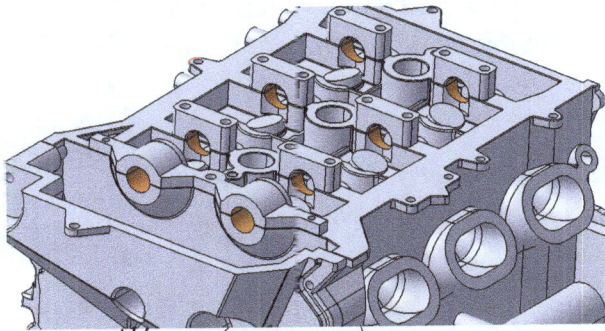

Alésage (en orange)

Arbre à cames :

L'arbre à cames ou arbre de distribution permet de réguler l'ouverture et fermeture des soupapes (d'admission ou d'échappement) afin d'alterner le passage du carburant au-dessus des cylindres.

Axe :

Un axe, aussi appelé arbre dans le domaine de la mécanique, est une pièce mécanique réctiligne autour de laquelle peut tourner plusieurs pièces ou qui peut tourner par rapport à plusieurs pièces.

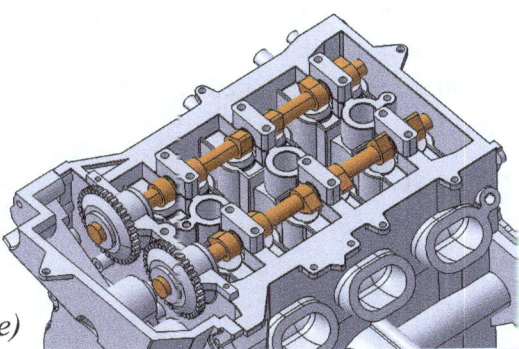

Axe ou arbre (en orange)

Butée :

Une butée est une partie de pièce limitant un mouvement d'une autre pièces. La pièce en mouvement bute sur la butée ce qui la rend immobile.

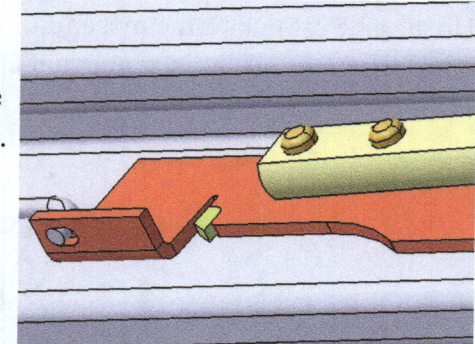

La butée (en vert) est une partie du rail (en gris) limitant le mouvement de la pièce (en rouge)

Carter :

Le carter est un boitier qui enrobe des mécanismes du moteur pour les protéger. Il se compose pour un moteur thermique de :

-Culasse
-Bloc moteur
-Carter d'huile
-Carter de distribution

Carter moteur (en orange transparent) protégeant les mécanismes (en gris) situées à l'intérieur.

Chambre à combustion :

La chambre à combustion est l'espace situé entre la culasse et le cylindre du piston dans lequel à lieu l'explosion du mélange de carburant et d'air.

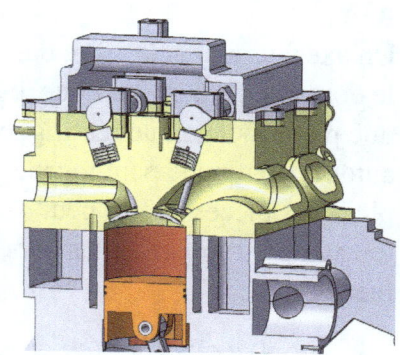

Coupe du moteur indiquant la chambre de combustion (en rouge) entre la culasse (en jaune) et le cylindre du piston (en orange)

Classe d'équivalence :

Une classe d'équivalence est un ensemble de pièces en contact n'ayant pas de mouvement entre eux. Il y a seulement des mouvements aux liaisons entre classes d'équivalences mais pas entre les pièces d'une même classe d'équivalence.

Différentes classes d'équivalences, une pour chaque couleurs, et chaque classe est mobile par rapport aux autres

Collecteur d'admission :

Le collecteur permet de répartir l'air circulant dans le moteur sur la totalité des cylindres afin de créer des combustions (explosions) au-dessus d'eux provoquant les translations des pistons .

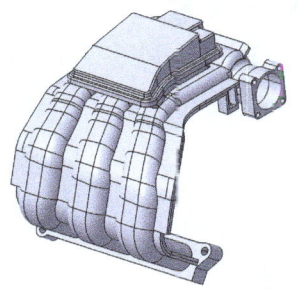 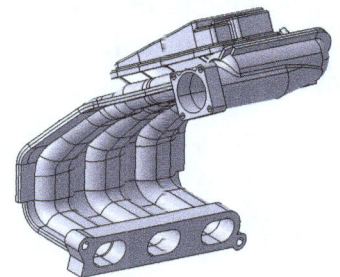

Couple :

Force ou effort de rotation appliqué à un axe. Ce nom est donné car un des moyens d'appliquer un couple est d'avoir deux forces linéaires, égales et opposées.

Vilebrequin auquel est appliqué deux forces linéaires (en rouge) qui forme un couple (en vert)

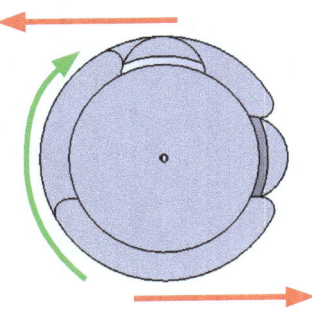

Crépine :

Une crépine est en mécanique, une pièce avec un filtre à l'entrée d'une canalisation, elle est utilisée dans les moteurs pour éviter que des résidus circulent dans la pompe à huile et les canalisations d'huile.

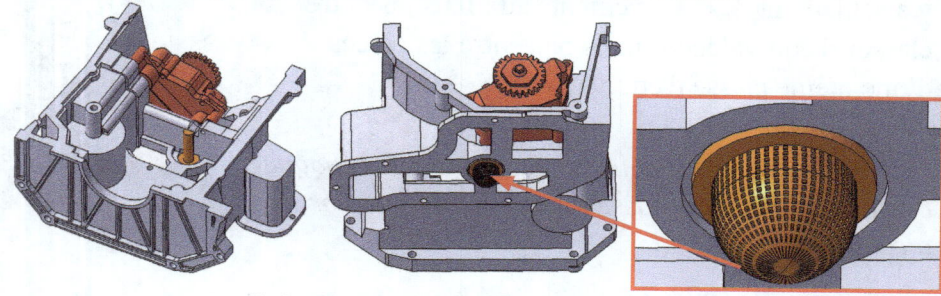

Crépine (en orange) reliée à la pompe à huile (en rouge)

Gorge :

Une gorge, en mécanique, est une forme sur une pièce cylindrique, un dégagement de matière ou enlévement de matière par révolution, plutôt étroit pouvant être arrondis.

Gorge (en orange)

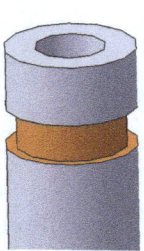

Goupille :

Une goupille est une pièce métallique servant soit à immobiliser des pièces, à les positionner et sécuriser un assemblage en résistant à des efforts.

Moulage par insertion :

Le moulage par insertion est un moulage qui place un insert ou pièce métallique à l'intérieur du moule avant l'injection d'un materiaux. L'insert se retrouve encastré dans la pièce moulée.

Goupille (en orange) immobilisant,
positionnant la tige (en jaune) sur

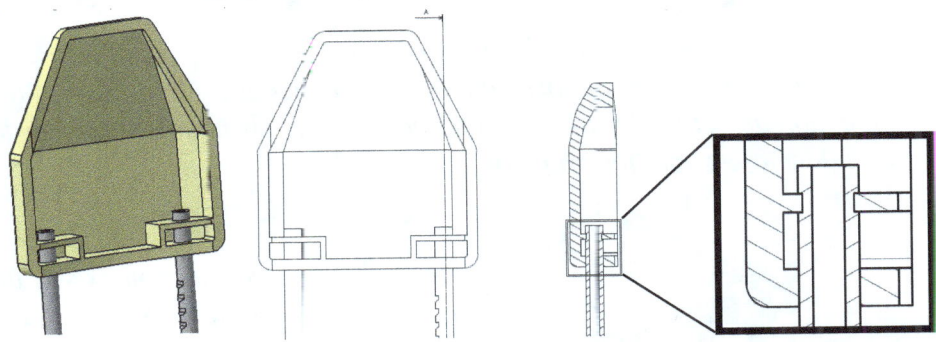

Pièce moulée (en jaune) et   *Coupe indiquant l'encastrement entre*
insert (en gris)   *la pièce moulée et l'insert*

Rainure :

Une rainure est une entaille réalisée sur une pièce.

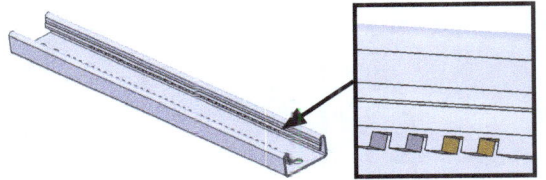

Rainures (en orange) situées
sur un rail (en gris)

73

Pivot :

Une liaison pivot est une liaison cinématique fréquemment utilisée dans des système mécanique. Elle est composée d'une pièce trouée qui fait et d'un axe, un des deux élèments est en rotation par rapport à l'autre. À la différence d'une liaison pivot glissante, dont un des élèments est en rotation et translation, la liaison pivot a seulement une rotation sur un des deux élèments et aucune translation.

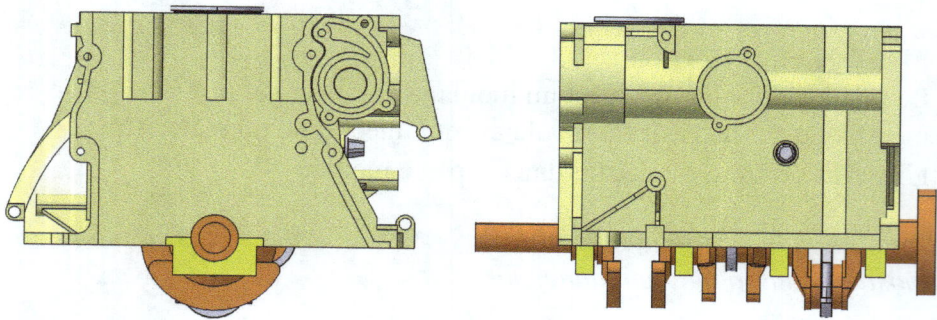

Liaison pivot composée de l'axe en rotation, le "vilebrequin" (en orange) et les pièces support trouées dans lequelles passent l'axe, "le bloc moteur" et les "brides" (en jaune). Les brides bloquent la translation donc c'est une liaison pivot.

Liaison pivot glissant composée d'un axe "vilebrequin" (en orange) et les pièces support trouées dans lequelles passent l'axe "bielles" (en jaune). Aucunes pièces n'arrêtent la translation des bielles sur le vilebrequin donc c'est une liaison pivot glissant.

Soupapes :

Les soupapes sont des pièces mobiles dans la culasse, ouvrant et fermant l'accès du carburant à la chambre de combustion. Les soupapes d'admission sont celles laissant entrer le carburant dans les chambres à combustion tandis que les soupapes d'échappement sont celles faisant sortir la fumée après la combustion.

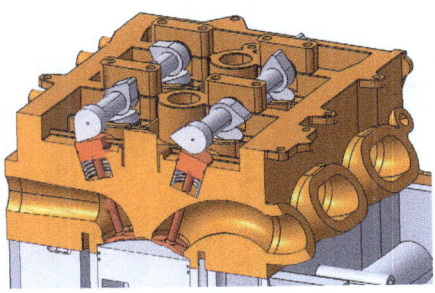

Soupape (en rouge) dans la culasse (en orange)

Téton :

Un téton est, en mécanique, une partie de pièce cylindrique en surplus permettant à la pièce de la mettre en mouvement par un trou normale ou oblong.

Trou oblong :

Un trou oblong est un trou avec une longueur supérieur à sa largeur et avec deux extrémités arrondies.

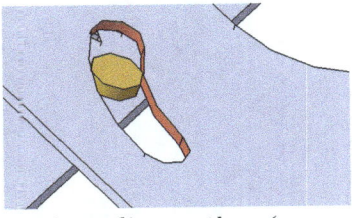

Téton d'une pièce (en orange) dans un trou oblong circulaire (en rouge)

Vilebrequin :

Axe permettant de transformer le mouvement de translation des pistons en un mouvement de rotation.

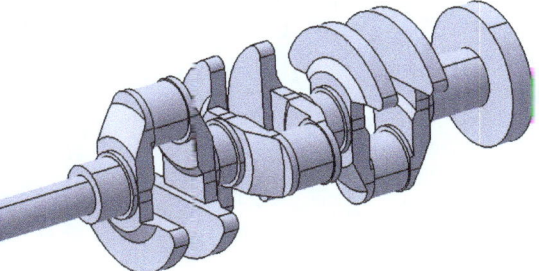

Vilebrequin

www.ingramcontent.com/pod-product-compliance
Lightning Source LLC
Chambersburg PA
CBHW070123230526
45472CB00004B/1392